中国轻工业"十四五"规划立项教材
"互联网+"新形态立体化教学资源特色教材

整合创新设计方法与实践
（第二版）

Methods and Practice of Integrated Innovation Design
(Second Edition)

邓嵘　时迪　编著

中国轻工业出版社

图书在版编目（CIP）数据

整合创新设计方法与实践 / 邓嵘，时迪编著. -- 2版. -- 北京：中国轻工业出版社，2025. 6. --（"互联网+"新形态立体化教学资源特色教材）. -- ISBN 978-7-5184-5269-9

Ⅰ. TB21

中国国家版本馆CIP数据核字第2024EA0736号

责任编辑：毛旭林
文字编辑：梁若水　　　责任终审：李建华　　　设计制作：锋尚设计
策划编辑：毛旭林　梁若水　责任校对：朱　慧　朱燕春　责任监印：张　可

出版发行：中国轻工业出版社（北京鲁谷东街5号，邮编：100040）

印　　刷：艺堂印刷（天津）有限公司

经　　销：各地新华书店

版　　次：2025年6月第2版第1次印刷

开　　本：889×1194　1/16　印张：9

字　　数：260千字

书　　号：ISBN 978-7-5184-5269-9　定价：59.80元

邮购电话：010-85119873

发行电话：010-85119832　010-85119912

网　　址：http://www.chlip.com.cn

Email：club@chlip.com.cn

版权所有　侵权必究

如发现图书残缺请与我社邮购联系调换

241408J1X201ZBW

第二版序

近年来，设计所面临的挑战越发复杂，越发需要与其他专业或学科进行合作。与此同时，企业的"开放式创新"模式得以不断发展，有的企业甚至提出"全链路"设计师的招聘需求。这一系列变化对设计师的培养提出了新要求，也推动着设计教育及课程的变革。在此变革背景下，整合创新及跨专业的课程在国内高校的设计专业及创新创业训练中迅速涌现。然而，相关的教材却依然不多。"整合创新设计"是围绕新的需求而建设的一门专业核心课，旨在提升设计专业学生的资源整合能力与跨学科共创能力，为企业培养真正需要的创新型人才。

教育、科技、人才三位一体，环环相扣。作为一门具有较强应用属性的学科，设计学紧密连接着科技创新，并以科技创新为轴连接着相关的人才和教育。如何提升设计对科技创新的助力，是这门课程建设的初衷之一。在第二版的教材中，基于第一版，重点做了几处调整。第一，围绕"整合创新"的相关理论进行了补充。在本教材中"整合"的含义有两层：其一，是设计参与成员的整合；其二，是设计产出的整合。在整合创新设计中，创新主体不仅包括设计师，而且包括相关领域专家、用户等非设计师。因此，需要通过一定的流程和工具，激发非设计师的创造力，产出更好的设计。此外，在整合创新设计中，产出的结果不仅仅是单一的产品或品牌等，而是一种系统性的思考，可能是产品加品牌等综合性的解决方案。本教材在内容上进一步对相关理念及理论进行了解读。第二，基于目前广泛使用的线上协作平台，本教材进行了电子版的工具卡及流程卡的制作，便于在线上协作平台进行使用。

党的十八大以来，党中央坚持把教育作为国之大计、党之大计，作出加快教育现代化、建设教育强国的重大决策。高校作为科技创新生力军和重大科技突破策源地，是国家战略科技力量和国家创新体系的重要组成部分。希望《整合创新设计方法与实践》作为设计学新时代背景下的一本教材，能够在推进教育发展、科技创新、人才培养的过程中作出一些积极的贡献。

第一版序

知行合一

十年前，我在江南大学主导开设了整合创新设计实验班，成为江南大学接下去近十年里系列设计教育改革的重要序幕和亮点。其间，我也和邓嵘教授合作讲授了若干整合创新设计的课程。这一系列教育改革背后的理念和成果虽然得到了社会和体制的广泛认可，但尚未被认真梳理和总结过。今次，欣见邓嵘教授和时迪博士编著的《整合创新设计方法与实践》，认真拜读了著作全稿，可喜可贺！二位学者合理地解读了整合创新设计的时代背景，充分阐述了整合创新设计概念和相关方法，辅之以大量教学和实践案例。希望其可以成为学习整合创新设计理论和方法的重要著作，并可以成为从一个特定角度了解江南大学整合创新设计教育改革的好素材。

过去十年的江南大学整合创新设计教育引起了不少国内外同行的关注，从20世纪90年代张福昌先生提倡的艺工结合开始，到21世纪初的跨学科合作，江南大学几任设计学科带头人都围绕类似的学科交叉设计教育理念，在不同时期做过各自的教育改革尝试，也均获得了同行和体制的好评。不一样的是，时代不同，时机不同，理论和实践结合的方式也不同。三十年前，张福昌教授提出艺工结合的理念，既反映了其敏锐的行业眼光和前沿的设计教育理念，也充分符合了无锡轻工大学设计学科的机构背景和行业特色。三十年后，江南大学的整合创新设计不再是理念的倡导，而是在新的历史时期，设计学科必须履行的社会和行业赋予它的历史使命，无须先知先觉，但求知行合一。

知行合一，一个被很多人视为座右铭的古典哲学理念，看似不难理解，但真正做到却绝非易事。首先是基本的言行统一，整合创新设计实验班的创立并没有太多学理上的挑战，然而要做到整合创新培养计划和教育部专业指导委员会的专业目录、培养规范以至于江南大学招生简章的法理统一则不是一件容易的事。在这一过程中，江南大学领导以及行政部门，尤其是教务处提供了大量的政策指导和支持，让整合创新设计的理念在人才培养计划中得以充分落实，从而为后来教学成果奖的申报打下了坚实的实践基础，而不必是冠以某种理念的指标堆积和文字游戏。

知行合一在另一个方面的体现是时代语境和教育内涵的统一。在一个全新的开放社会、多元经济环境和工业4.0时代技术的语境里，设计学科原有的理论基础和人才培养模式已经不能满足社会对新型人才的需求，也无法解释诸多新兴的设计实践活动。需求不同、问题不同，导致设计对象的变化；技术手段的进步、商业模式的发展，带来了设计方法和解决问题路径的变化。整合创新设计理念虽然和艺工结合、跨学科合作在执行路径上有着很多相似之处，但其理念的核心在于彻底打破学科界限，让知识单元回归到细胞层面，以新的个体和社会需求为线索，重新梳理和定义能力体系，培养"能够定义产品或服务，提供整体解决方案，并具备良好团队合作和沟通能力的职业设计师"，构建具有引领性和示范性的人才培养体系。

在道德意识层面，知行合一要求设计实践建立在伦理和良知的基础上。当我们把理解和满足个体以至社会需求作为学科建设线索的时候，心理学、社会学、管理学的内容便自然成了设计师能力培养中的重要环节。具体的实践方法邓嵘教授和时迪博士在《整合创新设计方法与实践》中有了充分的展开，这里不再赘述。在诸多关于整合创新的流程和方法的介绍中，同理心、用户研究、利益相关者分析等概念和相关工具得到了广泛的关注。然而，值得注意的是，这些方法和工具远不只是设计手段的丰富，更是设计原则的变化和设计实践活动的意义所在，也是整合创新设计良知的体现。

2013年我为江南大学设计学院明确了"培养有责任感、受尊重的设计师，致力于研究型教育"的办学理念，替代了曾经的"培养精英型设计师，致力于研究型教育"学院人才培养理念，以整合创新实验班为试点带动全院教学理念的改革，又何尝不是期望让知行合一在言行之间、在时代语境和教育内涵之间、在道德和行动之间取得统一呢！

辛向阳

同济大学 长聘特聘教授

XXY Innovation 创始人

课时安排一
（理论与实践同步共80学时）

参考章节	课程内容		学时
课程第一阶段：课程背景知识导入			12
第一章 整合创新设计概述	第一节　背景与定位 第二节　概念与含义 第三节　相关理念与理论		8
第三章 整合创新设计的流程	第一节　线性设计流程 第二节　非线性设计流程		4
课程第二阶段：课题训练内容导入			4
第四章 整合创新设计实践课题训练与案例解读	第一节　有技术限定的课题训练与案例解读 第二节　无技术限定的课题训练与案例解读		4
课程第三阶段：方法工具讲解及设计实践			60
第二章 整合创新设计的工具	第一节　数据收集工具	一、以"访谈"为途径的数据收集工具	4
		二、以"观察"为途径的数据收集工具	4
		三、以"创作"为途径的数据收集工具	4
数据收集实践			12
第二章 整合创新设计的工具	第二节　数据分析工具	一、数据洞察分析	4
		二、商业模式分析	4
		三、BTU综合分析	4
数据分析实践			12
第二章 整合创新设计的工具	第三节　创意思维工具 第四节　评估决策工具		12
课程第四阶段：方案输出与表达阶段实践			4

课时安排二
（先理论后实践共80学时）

参考章节	课程内容	学时
第一章 整合创新设计概述	第一节　背景与定位 第二节　概念与含义 第三节　相关理念与理论	8
第二章 整合创新设计的工具	第一节　数据收集工具	4
	第二节　数据分析工具	4
	第三节　创意思维工具	4
	第四节　评估决策工具	4
第三章 整合创新设计的流程	第一节　线性设计流程	4
	第二节　非线性设计流程	4
第四章 整合创新设计实践课题训练与案例解读	第一节　有技术限定的课题训练与案例解读	4
	第二节　无技术限定的课题训练与案例解读	4
课题训练实践		40

目录

001 第一章　整合创新设计概述
001 第一节　背景与定位
001 一、实践背景——企业创新模式发展新趋势
004 二、教育背景——设计知识构成新需求
005 三、内容定位

005 第二节　概念与含义
005 一、创意、创新、发明的概念及关系
006 二、方法论、方法、流程的概念及关系
007 三、整合创新设计的含义

007 第三节　相关理念与理论
007 一、参与成员的整合
012 二、设计产出的整合
013 练习题
013 思政要点

014 第二章　整合创新设计的工具
014 第一节　数据收集工具
014 一、以"访谈"为途径的数据收集工具
017 二、以"观察"为途径的数据收集工具
029 三、以"创作"为途径的数据收集工具
032 练习题
032 思政要点

033 第二节　数据分析工具
033 一、数据洞察分析
034 二、商业模式分析
039 三、BTU综合分析
040 练习题
040 思政要点

040 第三节　创意思维工具
040 一、设计思维的特征

041 二、思维发散的方法与工具
046 三、思维归纳的方法与工具
052 四、协同设计的工具
056 练习题
056 思政要点

056 第四节　评估决策工具
057 一、设计前期评估决策工具
059 二、设计后期评估决策工具

061 第三章　整合创新设计的流程
061 第一节　线性设计流程
061 一、IDEO设计流程
063 二、ViP设计流程
071 三、金字塔设计流程
081 四、双钻模型设计流程

082 第二节　非线性设计流程
082 一、设计实践中常见的非线性设计流程
084 二、整合创新设计中的非线性设计流程

093 第四章　整合创新设计实践课题训练与案例解读
093 第一节　有技术限定的课题训练与案例解读
093 一、课题简介
093 二、案例解读

114 第二节　无技术限定的课题训练与案例解读
114 一、课题简介
114 二、案例解读

135 参考文献
136 后记

第一章
整合创新设计概述

🏷 本章简介

本章主要对整合创新设计进行概述性讲解。首先介绍了整合创新设计产生和发展的实践背景及教育背景。然后解释了创意、创新、发明的概念及关系,方法论、方法、流程的概念及关系,以及整合创新设计的含义。此外还对相关理论进行了解释,包括参与成员整合以及设计产出整合的相关理念与理论。

第一节 背景与定位

近年来,设计领域地图不断扩展。从产品到服务、体验,甚至社会创新等都开始出现在设计领域地图中。在这一扩展过程中,设计所面临的挑战越发复杂,越发需要与其他专业或学科进行合作。与此同时,企业的"开放式创新"等模式得以不断发展,有的企业甚至提出"全链路设计师"的招聘需求。这一系列的变化对设计师的能力提出了新要求,也推动着设计教育及课程的变革。在此变革背景下,整合创新及跨专业的课程在国内高校的设计专业以及创新创业训练环节中,如雨后春笋般涌现。

一、实践背景——企业创新模式发展新趋势

以企业为代表的创新活动中,开放式创新模式得到了不断的发展。根据加利福尼亚大学伯克利分校哈斯商学院教务主任彻斯布鲁夫(Henry Chesbrough)的研究,可将传统的创新模式称为封闭式创新(Closed Innovation),后出现的创新模式称为开放式创新(Open Innovation)。

封闭式创新模式中,企业往往会依靠自己的力量来完成整个创新活动。一种比较常见的方式是通过突破核心技术来实现经济价值。这种模式的创新可以减少企业在社交等方面的精力和费用,一旦企业突破核心技术或者开发出具有市场潜力的商品,就可以保持在市场领先地位,从而赢得利润。但同时,在这种模式中的企业也要独自承担创新活动失败可能带来的全部风险。这时的企业存在较为明显的边界[图1-1(a)]。

开放式创新模式中强调对企业外部资源与企业内部资源加以有效整合利用。开放式创新认为通过企业内部的路径和外部的路径都可以开拓新的市场。在开放式创新模式中，企业内部的资源可以被外部的渠道带出企业，跳出企业现有的商业领域，为企业创造新的价值。企业内部的概念可以在研究阶段或者稍后的发展阶段向外输出，同时在企业外部的好概念也可以引入企业内部，所以原来的企业边界在开放式创新模式下变得模糊了。

与自主式创新相比，开放式创新强调有效地利用外部资源，这种做法可以形成企业内外的优势性互补，缩短创新的周期，减少成本消耗等，有助于提高企业的竞争力。通过利用无论是来自企业内部还是外部的有价值的概念来提高企业自身的经济实力，把企业自身的概念也同外部的商业进行结合，同时也不限制外部利用企业内部的概念创造新的价值。企业向外部广阔知识领域开放，还可以避免陷入研发窘境。总的来说，通过开放式创新，企业可以更新当前的商业模式，并可以产生新的商业模式［图1-1（b）］。

伴随着开放式创新的发展，企业的边界变得模糊，打破了以前认为企业是创新主体的观点，企业与更多的相关组织机构一同开展创新活动。在开放式创新模式中，企业、学校、科研机构、金融机构、政府等发挥各自的优势，整合资源，实现优势互补，形成了一种新的创新模式。企业整体创新模式变化的同时，企业内部的创新过程也在发生新的变化。

美国经济学家、萨塞克斯大学科学政策研究室的罗斯维尔（Roy Rothwell）对企业内部的创新过程进行了研究总结，他认为电子通信等新技术的发展不仅影响了创新的内容和结果，也影响了创新的过程。他对1960—1992年的创新过程模式进行了研究，并将创新过程模式的演变归为五种过程模式：技术推动式（Technology-push）、需求拉动式（Need-pull）、技术与需求耦合式（Coupling）、一体化式（Integrate）和一体化网络式（SIN，Systems integration and networking model）。在这五种创新过程模式中，20世纪80年代之前的几种创新过程模式更倾向于线性创新过程模式，之后的几种创新过程模式更倾向于非线性的创新过程模式。图1-2为线性模式和非线性模式举例。

图1-1　封闭式创新模式和开放式创新模式示意图

图1-2　企业创新过程模式中的线性模式和非线性模式举例

自1912年美国经济学家、哈佛大学教授熊彼特（Joseph Alois Schumpeter）的相关研究强调技术对经济发展的作用以来，技术驱动创新得到了普遍的认可。基于这种理解的创新过程也是从技术研究开始的。这一阶段的创新过程模式是技术推动型的。但这种唯由技术驱动创新的观点受到了后继研究的质疑，比如美国经济学家斯特凡·施穆克勒（Stefan C. Schmukle）提出了市场需求驱动创新的过程模式。这一阶段的创新过程模式是需求拉动型的。

到了20世纪70年代，技术推动和需求拉动的创新模式被很多学者认为过于单一，由此形成了一种联结科学、技术和市场需求的耦合式创新过程模式。这种调整后的创新过程模式认为科技和市场因素贯穿创新活动的始终，但依然没有跳出创新活动是由一个职能环节完成后再交给下一个职能环节的线性模式。

20世纪80年代之后，出现了一种一体化的创新过程模式，这种模式已经不是完成一个职能环节后再进行另一职能环节，而是多个职能环节同时进行。在这种模式中，企业内部与供应商有着更紧密的联系，与用户有着更近的连接，强调研发和制造之间的衔接以及横向的合作。在一体化模式之后，进一步出现了较为系统的一体化网络式创新过程模式。这种模式充分强调平行开发，在战略开发前期就关注用户，并且战略性地与供应商一起开发新产品。在这种模式中，企业内部的横向合作得到加强，各个职能环节合作研发、合作开拓市场、联合承担风险，同时还强调合作的灵活性。罗斯维尔指出：一体化创新过程模式代表了概念和实践的结合，而一体化网络式创新过程模式代表了概念引导实践。

在非线性创新过程模式的带动下，企业创新活动中不同职能部门的线性工作顺序被打破，设计也开始在创新活动中扩展，不仅向后与制造有了更多的深入结合，而且向前与设计概念形成之前的研究等有了更多的深入结合。企业的研究和开发已经不仅仅是一个串行的任务，而是需要与制造商、用户、技术开发、设计等一起完成。设计也不再是研发之后、制造之前的一个独立环节，而是贯穿整个创新活动。如在2017年，阿里巴巴甚至提出了"全链路设计师"的招聘需求。

二、教育背景——设计知识构成新需求

企业整体创新模式及企业内部创新过程模式的变化，不仅要求设计师有能力与企业内部其他部门的人进行整合创新，还要求设计师能够与更多企业外部的人进行整合创新。在这种背景下，设计教育模式及具体的课程教学都面临新的挑战。

（1）国外教育情况

在国外，面对挑战，不同高校提出了不同的应对方式。比较有代表性的有美国麻省理工学院的媒体实验室（The MIT Media Lab）、斯坦福大学的设计学院（D-school）以及哈佛大学的创新实验室（i-lab）等。其中，美国麻省理工学院的尼可拉斯（Nicholas Negroponte）教授等认为媒体实验室应专注于发明创新的探索而不是仅仅将科技产品化，因此实验室里有很多具有探索性的跨学科创新型尝试。斯坦福大学所创办的设计学院由斯坦福大学商学院、工程学院、社会学院和艺术学院联合制定课程，其中汇集了工学、经济学、社会学、美学等多学科的专家和研究人员，希望能够培养跨学科的人才，将来可以成长为硅谷中融科技、设计、艺术、商业为一体的优秀创业者。哈佛大学的创新实验室也积极开展了很多研究。该实验室旨在鼓励跨学科创新创业，其学生来自哈佛商学院、设计研究生院、应用工程学院、教育研究生院、肯尼迪学院、法学院、文理学院以及公共卫生学院等。

在这些教育模式的探索中也出现了很多课程教学尝试。比如斯坦福大学的设计学院中，有一门编号为"ME310"、名称为"设计创新"的课程。在这门课程中，学生需要以小组为单位进行产品设计。在课程结束时，学生会提交一个能展示他们想法的概念验证（Proof-of-concept）。由于设计学院的课程面向全校开设，每个团队（学习小组）会由不同背景的学生组成；此外，该课程还与众多海外院校合作，每个团队都会与一个合作院校的团队共同设计产品。被估值20亿美元，并已经取得初步成功的Snapchat（一款"阅后即焚"的照片分享应用）就是在斯坦福大学中一门与ME310类似的本科课程的启发下开发而成的。

（2）国内教育情况

在国内，很多高校面对新的挑战，也开展了很多尝试。尤其2011年发布的《国家"十二五"科学和技术发展规划》提出"协同创新"概念后，各高校纷纷设立"协同创新中心"等类似机构，并在创新创业训练环节中增加整合创新的相关课程。比如江南大学设计学院很早便开始实施整合创新的课程建设。广州美术学院的培养方案中也把整合创新作为设计专业高年级课程教学的重要内容。同时，很多院校的设计专业也都开设有创新创业课程以及系统创新课程。然而，在这些课程中尚缺少教材支撑。

三、内容定位

由于国内目前仍然缺乏有针对性的整合创新设计课程的教材，因此我们基于江南大学设计学院整合创新实验班的"整合创新设计"课程的历年教学经验，针对整合创新设计的方法工具和流程的理论及实践，提供了一套有针对性的教学模式和内容，以期为设计专业及跨学科创新团队的整合创新设计环节提供工具开发所需要的原理与要素。

本教材希望可以对三类人群有所帮助。首先是设计专业中希望进行跨专业整合创新的师生，其次是高校里整合创新创业培训课程中的师生，再就是其他对整合创新感兴趣的实践者。

本教材共分为四章。其中第一章为整合创新设计概述，包括教材的撰写背景与定位、整合创新设计的概念与含义以及相关理念与理论，帮助读者对整合创新设计形成一定的认识和理解；第二、三章分别为整合创新设计的工具和流程，介绍开展整合创新设计的"工具盒"以及不同的流程模型；第四章为整合创新设计实践课题训练与案例解读，以真实的教学案例为基础，强化对整合创新设计方法与工具和流程的理解。

本教材的整体内容更像是提供一套乐高玩具，以帮助读者更加有效地开展整合创新的游戏。在这套玩具中，包括了基本的理论、方法、流程等。在这些内容的基础上，读者可以根据自己独特的实际需求进行编排、组合、拼插，进行创造性的使用。

在本教材中，整合创新过程中如何进行跨专业的有效沟通？如何让非设计师参与到创意与创新的过程中？有什么样的方法或工具可以辅助这些过程？这些方法与工具背后的原理是什么？均可以找到相关解答。希望通过这一系列问题的解答，为整合创新设计的参与者提供一套可以自由使用、灵活变化的整合创新设计开发方案，助力我国整合创新设计教育与实践的有效开展。

第二节　概念与含义

在进入整合创新的方法工具流程之前，有必要对本教材中的一些概念做简要梳理。因此，本小节将对创意、创新、发明以及方法论、方法、流程的概念加以简要区分，给出对于整合创新设计的理解。

一、创意、创新、发明的概念及关系

创意、创新、发明是几个比较容易混淆的词语。"创意"一词在《现代汉语新词词典》中解释为创造性的见解或意境，在《新词语大词典》中解释为有创造性的想法、构思等。"创新"一词在《社会科学大词典》中解释为西方经济学概念，是经济学家熊彼特（Joseph Alois Schumpeter）在《经济发展理论》一书中提出的。创新就是"建立一种新的生产函数"，是指"企业家实行对生产要素新的组合"，把生产要素及生产条件的"新组合"引入生产体系。创新包括四种情况：引入新的生产方法，开辟新的

市场，获得原料的新来源，实行一种新的企业组织形式。创新可以使企业家获得超过正常利润的超额利润。熊彼特认为，用创新所获得的超额利润是合理的，是企业家"应得的合理报酬"，因为创新推动了社会进步。在熊彼特看来，企业家是资本主义的"灵魂"，其职能就是创新、引进"新组合"，经济发展的真正含义是资本主义社会不断地实现这种"新组合"的过程。"发明"一词源于日本。日本在其《专利法》中将"发明"定义为：利用自然规律进行的具有高度的技术性思想的创造。在《中国百科大辞典》中，"创新"与"发明"的主要区别是，"发明"是新事物的发展，而"创新"是新事物的实际采用或引进。

通过以上解释可以看出，并不是所有的创意都会是全新的事物或方法（即发明），也并不是所有的发明都会被实际采用或引进（即创新）。因此，创意的范围大于发明，发明的范围大于创新（图1-3）。

二、方法论、方法、流程的概念及关系

此外，方法论、方法、流程也是在本书中会高频出现的几个词语，因此也有必要对其加以解释。"方法论"一词源于希腊文，意思是关于方法的学说。"方法论"在《方法大辞典》中解释为人们认识世界和改造世界的根本方法的学说和理论体系，在《中华法学大辞典·法理学卷》中解释为研究方法的理论，或某门科学所操作的研究方法、方式的总和。"方法"一词在《当代汉语词典》中解释为解决思想、说话、行动等的门路、程序、技巧等。"流程"一词在《现代汉语词典》中解释为产生某一结果的一系列操作或处理。

通过以上解释可以看出，方法论包含方法，方法包含程序（含流程）和技巧等，方法和流程中都会涉及工具（图1-4）。

图1-3 创意、创新、发明的关系

图1-4 方法论、方法、流程的关系

三、整合创新设计的含义

本书所讲的整合创新设计中的整合有两个含义：其一，参与成员的整合性。在整合创新设计中，创新的主体不仅仅是设计师，而且包括非设计师。因此，需要通过一定的流程和工具，激发非设计师的创造力，产出更好的设计。其二，设计产出的整合性。在整合创新设计中，创新的产出不仅仅是单一的产品或品牌等，而是一种系统性的思考，可能是产品加品牌等综合性的解决方案。基于此，本教材在后续将进一步对相关的理念与理论进行解读。

第三节　相关理念与理论

一、参与成员的整合

（一）成员的整合有助于促进突破式创新

乔纳森·卡根（Jonathan Cagan）和克雷格·沃格尔（Craig M. Vogel）在《创造突破性产品——从产品策略到项目定案的创新》一书中以一张定位图，来反映突破性产品是如何与竞争产品相区分的。定位图的右上角象限结合了产品的造型和技术属性并增加了第三维度：价值（图1-5）。

图1-5　技术-造型定位图

剩余的三个象限只强调了造型、技术。通过整合右上角象限所代表的产品属性，突破性产品满足了用户的需要、愿望和要求，可以增加销量、利润以及品牌价值。为了将造型和技术结合起来，市场、工程技术、工业设计或互动设计等方面需要相互配合，从而将造型和技术结合在一起，以生产出让人感到有价值的产品。这里，我们所面临的挑战是使这些领域能够真正团结合作。

我们以常见的参与成员"用户"和"专家"为例，可以看到不同类型的协作形式。当两者贡献度都很小时，两者的协作程度都很低。当专家贡献度很大，用户贡献度很小时，属于专家主导设计。当专家贡献度很小，用户贡献度很大时，属于用户主导设计。理想的协作效果是同时提升专家与用户对设计的贡献度，而不是一方有极少的贡献度（图1-6）。

图1-6　用户-专家协作方式示意图

根据创新中技术应用与意义构建的主导程度，可以看到不同类型的创新驱动形式。当技术应用很新，但没有改变原有意义时，是技术驱动式创新。当技术应用旧，但意义构建很新时，是意义驱动式创新。当应用了全新的技术，并构建了新的意义时，会更容易出现突破式创新。因为用户的贡献有利于发现新的意义，专家的贡献有利于使用新的技术。因此以常见的参与成员"用户"和"专家"为例，可以看出成员的整合有利于突破式创新的产生（图1-7）。我们的挑战是如何使设计师与非设计师一起参与到设计创新过程中。

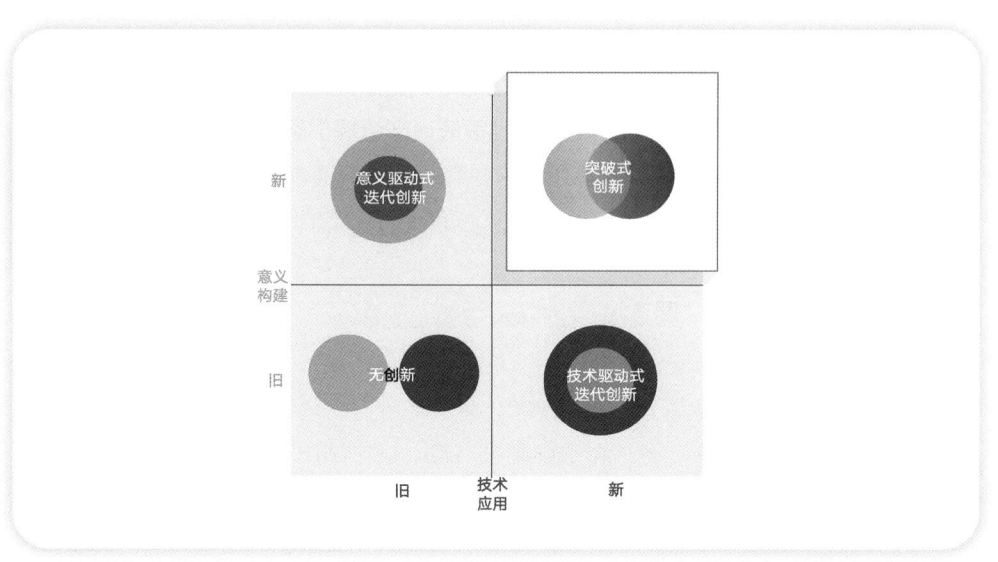

图1-7　用户-专家创新驱动方式示意图

(二)关于非设计师与设计师的理念

1. 关于非设计师的理念

在整合创新设计中,关于非设计师的理念是:非设计专业的参与者,企业中非设计部门但具有创造力的人员,均可以参与到创新过程中。

这一理念较多受到"创造力"相关研究的影响。20世纪50年代,对创造力的研究多集中在一些科学家上,如爱因斯坦的大脑。至20世纪70年代,关于创造力的研究逐步扩展到与大脑有着密切联系的情绪上,比如人们发现积极、愉悦的情绪可以提升人的创造力,而紧张的情绪状态会抑制人的创造力,提升人的专注力。进入21世纪之后,关于创造力的研究扩展到了周围的环境上,比如人们发现在活泼、有趣的环境中,人的创造力会提升,在规整、严肃的环境中,人的创造力会变弱。随着从大脑到周围环境的研究扩展,对创造力的研究也从科学家转向普通大众。

后续对于创造力的研究更加深入和细化。英国萨塞克斯大学认知科学研究教授玛格丽特·博登(Margaret Boden)对H-creative和P-creativity进行了区分。H-creative指的是具有历史意义的创意,例如一个以前从未有过的想法、概念或产品。P-creativity指的是心理创造力,例如一个人从一个领域借用一个想法并应用到另一个领域中。后者的这种创造力并不独特,且适用于每个人。博登指出,过去有创意的人更有可能在未来继续拥有它们,经常有新想法的人会不断持续下去。

美国俄亥俄州立大学教授伊丽莎白·桑德斯(Elizabeth Sanders)将P-creativity称为"日常创造力",并且基于多年观察以及与人们讨论他们的需求和生活梦想,提出了一个关于日常创造力的框架。该框架将日常创造力分为四个层级(表1-1)。

表1-1 日常创造力的四个层级

层级	驱动力	目的	例子
做	高效	把某事完成	购买一道现成的菜品
调试	合适	把某物变成属于我的或更适合我的	对买来的半成品菜品进行加工
制作	证实我的能力或技能	自己动手制作	按照菜谱做一道菜品
创作	好奇	表达自我能力	自创一道新的菜品

最基本的创造力层级是"做"。"做"背后的动机是通过高效的活动完成某件事情。"做"需要极少的兴趣,同时对技能的要求也很低。当今提供给消费者的许多商品和服务就可以满足"做"这个层次的创造力。这些商品和服务通常以"现成品"的形式来到消费者面前。例如在日常消费领域,"做"层面的创造力活动是消费者通过购买现成的菜品来准备一顿饭。

第二个创造力层级是"调试",它更进了一步。"调试"背后的动机是通过改变或调整某种事物来创造属于自己的东西。人们这样做的目的是让一个物体能够更好地满足自身的个性和功能需求。只要产品、服务或环境不能完全满足人们的需求,我们就会看到"调试"这一创造力的出现。"调试"层级的创造力水平相对于"做"层级的创造力水平,需要更多的兴趣和更高的技能水平。此外,"跳出框架"来思考是需要一些信心的。"调试"层级的例子,常见的比如对买来的半成品菜品进行加工;在蛋糕配料中添加额外的成分以使其变得可口等。

第三个创造力层级是"制作"。"制作"背后的动机是为了证实能力,通过手和头脑来制作或构建以前不存在的东西。在"制作"层级中,通常存在某种指导,例如通过配方或说明来完成某件事。"制作"需要对这个领域具有真正的兴趣,也需要一定的经验。人们可能会将大量的时间、精力和金钱花在他们最喜欢的制作活动上,因此人们的许多爱好都属于该层级的创造力。如果仍举一个与食物有关的例子,则是按照菜谱来做一道菜品。

最高层级的创造力是"创造"。"创造"背后的动机是表达自己或进行创新。真正的创造性活动往往受到丰富经验的推动和引导。"创造"不同于"制作",创造依赖于原材料的使用并且在使用过程中没有预先设定的模式。例如,"制作"是按照食谱烹饪菜品,而"创造"是独创菜品。

所有人都有能力达到更高一级水平的创造力,但需要激情和经验才能做到这一点。人们在不同领域的创造力水平不同,因此为了提升非设计专业参与者在相应领域的创造力,需要提供一些工具帮助他们进行创新。

2. 关于设计师的理念

整合创新设计中关于设计师的理念是:设计师可以通过一系列的方法与工具提升非设计专业参与者的创造力,与其一同进行创新。

这一理念的基础同样是源于近年来对创新的研究。英国心理学家格雷厄姆·沃拉斯(Graham Wallas)提出了创新的五个阶段:我们首先沉浸在所有数据中,然后在潜伏期内孵化思考,在此期间我们不自觉地围绕问题进行思考,如同程序在后台运行那样。通常在一夜好眠之后,我们会形成新的见解,并尝试去探索、验证和阐述它们。对习惯于每一步都进行理性证明的人来说,这种解决问题的过程可能是困难的(图1-8)。

图1-8　格雷厄姆·沃拉斯提出的创新五阶段

为了进一步将创新过程明确化,伊丽莎白·桑德斯将创新过程归纳为两个阶段:灵感阶段和表达阶段。后续我们会进一步对相关的协同设计理论进行简要介绍。

(三)协同设计理论简介

1. 协同设计是什么?

伊丽莎白·桑德斯和彼得(Peter Jan Stappers)在文章 *Co-creation and The New Landscapes of Design* 中为协同设计提供了一种被广泛接受的定义。他们认为协同设计是"设计师和非设计师在设计开发过程中共同进行的创造性活动",它指的是通过民主地创造一个相互学习的环境,让人们积极参与创意过程并赋予他们进行创造的权利。从这个角度来看,协同设计这个术语一直被用来指设计师与有生活经验的人和其他利益相关者一起参与设计。这意味着设计过程不再是设计师的单向输出,而是汇聚了多元视角、专业知识、专家经验及用户反馈的共创过程。

2. 协同设计是如何发展的?

对于协同设计的实践可以追溯到20世纪70年代在斯堪的纳维亚地区兴起的参与式设计。在挪威、瑞典和丹麦,使工人参与工作场所新系统的设计,来增加工业生产的价值。该方法将系统设计师、研究人员的专业知识和利益相关者的专业知识结合在一起,共同协作。自进入21世纪后,协同设计的实践和研究都得到了快速的发展,最初在商业和营销领域,强调企业和用户、顾客之间的共创活动。后来对协同设计的研究逐步发展,包括但不限于从艺术与设计角度对协同设计理论、方法、工具的研究,也包括从管理角度对协同设计管理的研究、从协同设计的动力方面的研究等。

3. 协同设计的方法工具有哪些?

伊丽莎白·桑德斯和彼得在文章 *Probes, Toolkits and Prototypes: Three Approaches to Making in Codesigning* 中将协同设计的工具按照设计的过程分为三种类型:探测类工具、生成式工具、原型类工具(图1-9)。

探测类工具以文化探测为代表,是一种类似发出探测器然后回收信息的工具。需要设计师做好需要参与者完成的任务工具,然后通过任务工具的回收来收集参与者的相关信息。

生成式工具是一种聚焦在创意生成阶段的工具,用来辅助非设计师进行创意想象和表达。

原型类工具是一种使用设计原型,辅助参与者对设计进行评估的工具。

前文提到,伊丽莎白·桑德斯将创新过程归纳为两个阶段:灵感阶段和表达阶段。在灵感阶段又细分为沉浸阶段和激活阶段,在表达阶段又细分为想象阶段和实施阶段。在这个过程中的每一个阶段,协同设计中有相应的工具给予一定支撑。这里的协同设计工具具体是指生成式工具。

图1-9 三种协同设计工具

沉浸阶段主要是围绕问题进行思考，需要提供工具来帮助参与者提升对相关活动的敏感度。此阶段可以使用的工具有"日记""一天记录""工作手册"等。

激活阶段主要是指因为一定的刺激激活了记忆中相关联的内容。这个过程通常可以通过字句或想法的关联性发生。此阶段可以使用的工具有"拼贴""认知图绘"等。

想象阶段主要是启发参与者对未来新的可能性进行想象。这个过程可以借助一些工具来辅助参与者进行想象。此阶段可以使用的工具有"乐高积木""橡皮泥"等可以自由组合和创作的材料。

实施阶段主要是参与者对自己的想象和创造进行表达。这个过程同样可以借助一些工具来辅助参与者进行表达。此阶段可以使用的工具有"情境表演"等。

更加详细的工具内容我们将在教材的第二章进行进一步的讲解。

二、设计产出的整合

（一）产出的整合有助于实现系统性创新

设计产出的整合是指在设计产出时不仅局限于产品，而是要在面对设计挑战时考虑其中所包含的多种元素及元素之间的相互关系，形成一个系统性的解决方案。从20世纪开始，设计实践的关注点从实体产品向意义、结构、交互和服务方向进行了扩展。这一扩展也让设计要处理的问题复杂化，更加需要从系统的角度进行分析从而产生系统性的创新。通过系统设计，设计团队能够更好地实现创新。这种创新不仅仅是技术上的，还包括商业模式和服务设计的创新，为企业带来竞争优势。

（二）关于系统思考的理念

系统思考是一种综合性的思维方式，旨在理解和分析复杂系统的结构、功能、相互作用以及影响因素。系统思考不仅关注于系统的各个部分，还考虑它们如何相互作用并影响整体性能和目标的实现。在设计领域内，"系统思考"是一种重要的方法论，它强调整体性和综合性思维，而不仅仅是简单的线性思维或问题解决的方法，鼓励设计师和决策者考虑系统的各个层面、相互关系和复杂的动态反馈。系统思考的实际应用案例表明，它能够促进创新、提升决策的效果，并在处理复杂问题时提供更全面的视角和方法，是现代设计领域中不可或缺的重要工具。

（三）系统设计理论简介

1. 系统设计是什么？

系统设计是指在特定的需求和约束条件下，对复杂系统进行整体规划和设计的过程。它通常包括需求分析、系统架构设计、模块设计和子模块细节设计等多个步骤。系统设计的目标是通过合理的结构与功能划分，确保系统在技术、经济和用户体验等方面的高效性与可持续性。

2. 系统设计是如何发展的？

系统思维并不是一个新词语，它的来源可以追溯到20世纪初。在第二次世界大战期间，涌现出许多新的通信技术，如图灵机的出现，同时也涌现出许多新的思想与理念，如信息理论、控制系统理论等。中国也引进了许多系统思维相关的著作，诺伯特·维纳（Norbert Wiener）的《控制论》便是其中的一部。控制论的思想也是系统思维里的一个重要组成部分。

20世纪60年代，这些理论知识开始转化到设计界。同时，阐述系统思维的书籍也非常多。其中，影响力较广的著作之一是德内拉·梅多斯（Donella H. Meadows）的《系统之美》，这本书涉及的范围非常广，包括政府的管理、公司的管理、生态系统、热力系统等，从各个不同角度和领域阐述了系统思维。在商业管理领域也有许多的著作，其中，广为人知的是彼得·圣吉（Peter M. Senge）的《第五项修炼》。

3. 系统设计的方法工具有哪些？

系统并不仅仅是一些事物的简单集合，而是一个由一组相互连接的要素构成的、能够实现某个目标的整体。从这个定义可见，任何一个系统都包括三个构成部分：要素、连接、功能或目标。

因此，并不是所有的事物都是系统，我们判断一个事物是否是系统需要去考量这个事物是否包括这三个部分——要素、连接、功能或目标。例如，一个用乐高拼好的小汽车就是一个系统，而一堆散落的乐高积木就不是系统。

系统设计常用的方法有分解和综合。它们在处理复杂性问题和优化设计方案时起着关键作用。分解是将复杂的系统或问题分解为更小、更易管理的部分或子系统的过程。这种方法帮助设计师更深入地理解系统的结构和功能，使得设计任务更易管理和实施。例如，当设计一个复杂的软件系统时，分解可以将系统分解为模块或组件，每个模块负责特定的功能或任务。这种层级的分解有助于团队在更小的范围内进行并行开发，提高整体的开发效率和质量。综合则是将分解的部分重新整合为一个完整的系统或设计方案的过程。在综合阶段，设计师需要考虑各个部分之间的交互作用和衔接设计，以确保它们协同工作并达到整体设计的目标。这包括设计和管理模块之间的对接方式，确保数据流和信息交换的有效性和完整性。

具体在设计中也有一些可以辅助系统分解与综合的工具。如在本教材第二章中会介绍到的BTU综合分析工具，针对商业模式进行分析的商业模式画布工具等。

? 练习题 —— 中国智造中的整合创新

请分析任意两款国内创新产品（如大疆无人机类产品、华为手机、故宫文创数字体验馆等）的设计，研究其中是否有体现整合创新维度：

1. 设计参与人员的整合性；
2. 设计产出的整合性。

基于研究请结合国家发展战略相关内容，绘制"创新价值星图"，从五个维度（如技术突破度、文化传承力、民生改善值、生态友好性、国际竞争力）对所选的产品进行分析比较，并基于评估结果撰写一份《致产品团队的一封信》，提出改进意见。

思政要点 ——

本题通过案例分析，强化对整合创新概念的理解，同时在案例分析中自然融入家国情怀的培养。通过练习，强化学生系统思维能力和价值判断能力，助力培养面向国家发展具有使命感的设计领导者。

第二章
整合创新设计的工具

本章简介

本章主要结合案例，对整合创新设计的数据收集工具、数据分析工具、创意思维工具、评估决策工具进行介绍，提供关于整合创新设计方法的工具盒，进而在后续的设计流程中选择、创新和使用。

第一节　数据收集工具

伴随交互设计、服务设计等新兴设计领域的发展，设计研究的方法得到进一步充实。作为一种手段，用户研究在满足消费者个性化需求，建立产品认知、情感反馈和品牌忠诚度等方面起着重要的作用。本节将从不同的收集途径着手，分类讲解整合创新设计中的数据收集工具。

一、以"访谈"为途径的数据收集工具

1. 概述

用户研究贯穿产品的整个生命周期，是现代设计的重要组成部分。在各式各样的用户研究方法中，用户访谈作为一种能够深入用户内心的心理学基本研究方法被广泛应用。在访谈的过程中，研究人员向用户询问一些感兴趣的主题（例如系统的使用、行为和习惯）的问题，目的是更多地了解该主题。在设计实践中，很少有设计环节会缺失访谈，几乎所有的设计师和设计团队都会选择使用这一方法。

2. 作用

通过访谈，设计师可以深入了解用户对产品及使用过程的看法，可以指出哪些内容给用户的印象比较深刻、哪些内容用户认为比较重要，以及用户有哪些改进想法。访谈能够帮助设计师打开看待问题的新视角，从而发现用户的深层需求，进而优化现有方案或为产品再设计提供指导。

3. 操作流程

加拿大Portigal咨询公司的创始人史蒂夫·波尔蒂加尔（Steve Portigal）在《洞察人心：用户访谈成功的秘密》中对访谈进行了全面、深入的研究。下面将在其基础上梳理出一个完整的访谈流程：前期准备—进行—后续分析，其中包括一些策略和操作原则。

①厘清研究目标任务，明确本次调研对象的类型，规划路径，设立目标优先级。

②通过招聘、在企业现有的顾客名单中挑选、社交关系等途径寻找和招募带有关键特征的受访者。招募的标准可依据用户行为来制定。比起态度，依据用户行为来制定标准更为准确。

③创建调研指南（也称调研计划），以用来记录在访谈中可能发生的细节，包含活动、任务、流程以及其他内容。这份周密的指南有助于整个团队密切合作，也有助于访谈者在现场灵活应对各种突发情况。

④合理安排日程，控制工作时间。在两次访谈之间留出足够的时间反思、吃饭、出行等，不要让大脑在一天之内超载运转。

⑤签订受访者许可和保密协议。这既是对组织方权利的保护，也是对受访者权利的保护。

⑥积极向受访者表达感谢，可通过支付酬金或赠送礼物来表达对他们花费时间来参加访谈的由衷感谢。

4. 记录方式

对用户进行访谈时，应尽可能记录访谈的一切，并归档整理。录音、录像能够记录所有细节，是记录访谈的重要途径。访谈时应尽可能安静地记录，并尽力保持与受访者的眼神接触。访谈中的提问应采用客观的描述性语言，避免采用解释性语言，以免在事后回看时造成歧义与干扰。录像过程中还可以多拍摄照片，因为它们常常会揭示不同的信息。

访谈前还应为所有设备备好电池，保证设备在访谈结束前都有充足的电量。访谈结束后，要向参与现场访问的其他团队成员汇报要点。稍后，要在工作组分享及时整理出的现场记录。

5. 使用技巧

多数初入课堂的学生都会将用户访谈等同于日常生活中轻松、简单的聊天，但实际上，用户访谈有着系统且明确的目的和计划（图2-1）。优秀的用户访谈讲究技巧，是一项需要专门训练的专业技能。使用用户访谈的具体技巧如下：

①访谈中除了提问外，还可以通过观察用户展示的某种行为了解用户。

②可以借助工具来展示较为抽象的概念。在描述概念时，可通过故事版、实体模型、线框图进行辅助展示。

③为了推进一场更深入的讨论，可以使用卡片作为刺激因素来引导话题。使用卡片时，可以对它们进行分类、分组，并添加注释等。

④在访谈前，可给受访者布置作业，例如拍几张照片、保存一些物品、完成一份问卷或者记录一系列活动。这样既为研究人员提供一些数据参考，也能让受访者提前做好准备。

⑤管理好发问的逻辑，以使问题自然地展开。可以从一个普通、简单的问题开始，循序渐进。有时，设置开放式的问题更容易得到全面、丰富的答案。

⑥不要急于纠正受访者的错误，保持鼓励的态度耐心倾听。如果必须纠正他，则应在访谈结束后。

⑦时刻保持记录，不要松懈。通常，随着谈话接近尾声，人们会突然吐露真情。

入户调研

姓名： 曹老师
专业方向： 发酵工程（理工）
年龄： 28-34岁
性别： 女
情况： 已婚，与伴侣、儿女及母亲同住
伴侣： 军人
儿子： 2岁
入住时长： 不到1年
居住面积： 约105m²
品牌： 三星 小吉
价格： 6000-9000元，3000-6000元

信息

印象： 简洁、温馨、极简、干净、轻薄。
颜色偏好： 白色、清灰、淡粉、浅蓝。
打开方式： 侧开门、滑动。
功能性要求： 节省空间、智能屏幕、控温、换气、智能锁、噪声小、过期提醒。
价格： 3500-5500/5500-7500。
服务： 收纳模块定制、上门安装服务、定期检查、容量定制。
购买冰箱的方式： 网购、官网订购。苏宁、专卖店、小ేలే利店、社区超市。

理想中的冰箱

印象里有一丝畅想，喜欢简洁轻科技，颜色偏好素难，与现有冰箱相符。
对打开方式有别的预期。
基本功能上有些科技上的预期，希望自己的生活更舒适。
比自己的冰箱冷低，能够满足自己的需求。
冰箱性价比更高。
对服务有新的期待。
有质量保证的渠道，反映生活不单调。
渠道丰富、小使利店、社区超市。

用户访谈

* 请描述三个使用冰箱时的场景。
* 对购物中的国货国货行为有何看法？支持吗？做饭会用（但是自己不做饭）。夏天吃冷饮，拿水果，敷面膜（晚上），做蛋挞烤蛋糕，考虑自制酸奶。
* 如何评价自己的购物行为，觉得自己是理性购物，还是偏编性购物？会网、但是购物2-3次一次，所以国不多自己就会扔（空间小），但是家不会，经常被捡回来，所以就不扔了。
* 请大致描述一下在家的理想生活状态。理想状态还是自己上下班，并不想做全职，但是需要有人给饭，可以自己收拾家务打扫卫生，不会闲逛。
* 对自己家的冰箱满意吗？有什么优缺点？使用期间有没有坏过？用得多，但是好冷藏和冷冻，虽然小但是有冷藏和冷冻，上面也可以放些花。

用户访谈

烧饭的时候使用得比较多，早餐和晚餐做得比较多，中午在外面吃，周末可能会做午饭。另外就是拿水果、拿饮品什么的。

* 对购物中的国货国货行为有何看法？支持吗？
支持啊，只不过实买的也不是特别多。冰箱里有很多芒果梨，是妈妈从老家寄过来的。

* 如何评价自己的购物行为，觉得自己是理性购物，还是偏感性购物？
还是有点性的，节约的，很多东西的购物时间较长，最后还是得扔掉，而且我觉得极简生活挺环保的。

* 有什么业余爱好？
做烘焙，会烤蛋糕，做蛋糕做冰淇淋，蒸馒头这些我都做的，比较过日子的人。也会做酸奶，酸奶很好做的，包括面包蛋糕。还看韩剧，冰淇淋做得特别好，然后看韩剧，看美剧，看韩剧剧。

* 你认为与非教师类青年知识分子的生活差别大吗？
首先就是早睡自己能做到比较晚，做什么时候就会做做的还是没有没有身过死，不过我家里要到常假公园去，希望休闲的时间更多一点。

* 你空闲时间放置了与烘焙有关的工具？
差别也不是特别大，不过有事情做的时候会多，觉得作为大学老师，时间比较多，也不怎么为校做洪焙，比他们应该要休闲吧。

* 冰箱周围有很多物品，是不是闲置比较多，是否考虑一下的空间抽屉比较少，冷藏的空间抽屉比较少。

* 对自己家的冰箱满意吗？使用期间有没有坏过？
满意的，质量还可以吧。毕竟有了十几年了。不满意的，冰箱会有霜，有水流出来，放起来要更紧凑，收纳很重要。

物品列表：
调料、白菜、冻豆、芒果、梨、橘子、柠檬、鸡蛋、零食、速冻食品、肉、润喉糖

特点：
1. 放置较随意，虽然有一定规律，但不算条理清晰。
2. 没有对食品保存的最佳方式做过了解，是凭经验保鲜食物在摆放。
3. 冰体食品种类和数量较多。
4. 冰箱上面放置了与烘焙有关的工具。
5. 冰箱周围放置了很多物品，荣单单在旁边的架子上。

发现：
1. 更好的收纳设计需求。
2. 物品保鲜状况的科学方式匹配度需要被重新定义。
3. 容量与使用周期环境，成为放置物的一种。
4. 冰箱融入厨房环境，冰箱周常放置物品的收纳设计。
5. 储物多模块、冰箱周围。

图2-1 用户访谈记录

图2-1所示案例是设计团队针对冰箱所作的用户访谈记录，其中包括受访者的基本信息、访谈的关键对话、家用物品记录以及相关期待。

二、以"观察"为途径的数据收集工具

1. AEIOU

（1）概述

AEIOU是一种对活动（Activities）、环境（Environments）、互动（Interactions）、物体（Objects）和用户（Users）进行分类的组织框架，是通过引导研究人员观察、记录和编辑而得出的信息集合。

①活动（Activities）：指一系列具有目标导向的行为。例如，人们在做什么是一个结构性活动，还是非结构性活动？某人是团队的领导者，还是会议的参与者？

②环境（Environments）：指活动发生的场景。例如，当人们参加某项活动时，所处的环境是什么样的？它带给人们什么感觉？注意，人们所处的环境会对人们的精神状态产生重大影响。比如在球场和在咖啡厅里，人们产生的感觉是不同的。

③互动（Interactions）：指人与人或人与物之间的相互交流，它是活动的基石。例如，人与人或者与其他物体有怎样的互动？这种互动对他们来说是陌生的还是熟悉的？是正式的还是非正式的？

④物体（Objects）：是环境的基本组成部分，有时在复杂或者无意识的使用中是关键要素。例如，人们在和物体或电子设备进行互动吗？是苹果平板电脑、智能手机、曲棍球球棍，还是帆船？这些事物能带给人们投入感吗？

⑤用户（Users）：指被观察的人们。例如，活动中还有其他人吗？他们扮演了什么角色？他们为活动带来了正面影响还是负面影响？

（2）作用

当设计师需要对用户的行为进行反思时，就可以利用上述5个要素客观、详细、精准地观察记录。此外，使用AEIOU框架可以指导收集的笔记、照片、采访等，还可以设计工作表、编辑观察笔记。运用AEIOU框架指导收集观察记录后，可以对记录的观察信息进行重组归类和综合分析，从而找到活动的目的和意义（图2-2）。

2. 行为地图

（1）概述

行为地图是一种从时间和空间角度，系统地观察和研究行为的方法。它运用注释地图、平面图、视频或定时摄像等方法系统地观测人们在某些地点的活动，有助于界定不同空间行为的区域。行为地图是1970年提出并发展起来的，用于记录发生在所设计的建筑物中的行为，以帮助设计者把设计特点与行为在时间和空间上连接起来。它以两个维度进行观察：以个人为中心和以地点为中心。

以人为中心：以人群或个体为观察单位，记录某个特定人物或人群在不同时间或地点的路径和活动。主要观察个体或人群的行为、语言等，得到关于这一个体或这一人群的习性、性格特征等。

以地点为中心：以地点为观察单位，主要用于公园、医院、图书馆、博物馆等公共场所中，说明交通模式和互动的关键点，研究人们的行为路线，从而确定或改进空间设计方案及服务流程。

以地点为中心的地图重点评估某个特定空间的使用情况，而以个人为中心的地图更关注人们的活动，比如他们的社会行为和交互活动（图2-3）。

AEIOU

用户 (Users):

授课老师（目标）。

痛点：
1. 办公室物品较多，储物空间不够，部分物品摆放较为杂乱。
2. 食品储存方式不科学。
3. 食品分区混乱。
4. 加热电器摆放较为随意，容易发生隐患。
5. 食品存放加工区有一定卫生隐患。
6. 及时提醒食品隐患。

互动 (Interactions):

1. 老师们可以喝咖啡、饮水、吃零食、休息。
2. 老师们中午或者晚上可以使用电磁炉加热携带的食物。
3. 老师可以进行办公。
4. 与学生和来访者交流。

活动 (Activities):

1. 老师们在各自的办公桌前处理相关工作事务。
2. 办公室内有休息区域，老师们可以聊天休息，接待来访者。
3. 老师们在大桶水旁接水，旁边配有电热水壶，可以加热、冲泡茶叶、咖啡等饮品。
4. 老师们可以使用电磁炉和电饭煲加热制作饭菜。
5. 冰箱内可以储存众多零食，或是带来的饭菜。
6. 办公室内配有众多储物柜，老师们可以储存大量工作文件与个人物品。
7. 老师利用办公室里的瑜伽垫或哑铃进行简单的放松与锻炼。
8. 办公室内简单看护花草植物。

物体 (Objects):

1. 办公室配有相应的卡套钥匙。
2. 配有统一的、较为宽敞的办公桌。
3. 需要使用小冰箱储藏食物。
4. 用咖啡机冲泡咖啡、用饮水机接水。
5. 电磁炉和电饭煲可以加热带来的食材。
6. 配有众多储物柜。
7. 用办公室的健身器材进行简单锻炼。

环境 (Environments):

整体氛围较为生活化，储物量大，办公桌、办公椅、大桶水、储物柜文件夹、大量文件、电饭煲、一次性餐具、水果、食物、调味料、电磁炉、滑雪机、咖啡机、哑铃、一次性餐具、水壶、热水壶、鸡蛋。

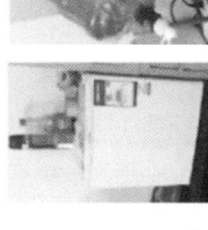

较多茶叶目摆放于桌面　室内较多的健身器材　拿取过程有卫生隐患　加热电器放在一起拥挤

聊天交流、办公、吃东西　做运动　加热储存食品

图2-2 AEIOU

图2-2所示案例是设计团队针对教学空间的观察记录。通过对教学活动、环境、互动、物体和用户进行观察记录，分析在不同场景下的"AEIOU"五要素的特征。

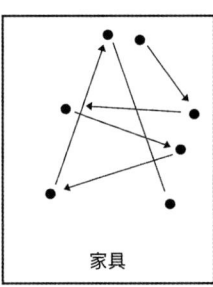

图2-3　行为地图

（2）作用

行为地图可以记录易观测的特征、运动和活动，包括被观察者大致的年龄、性别、是独处还是与他人一起、在做什么、在固定地点或者途中花费的时间以及所处环境中的各种细节。

（3）操作步骤（图2-4）

①研究人员首先构建建筑的平面测量图，包括基本的空间布局、建筑特色、引导标识以及任何可能会影响行为的家具。

②预先用符号、数字或缩写代表站、坐、走、说等预期行为。

③在使用过程中，要求参与者在地图上简单标注他们在某个空间的路径和行为。

④在观察过程中，观察者要灵活采用描述性笔记来记录观察行为，同时解释行为过程。

⑤观察结束后，观察者将多次在不同时间创建的地图汇总，并总结说明任务、地点、功能使用和活动的主要内容。

⑥最后，观察者结合参与者的路线行为地图、对他们的观察和与他们的对话，深入了解参与者相关行为的动机，并进行后续研究。

(a)构建建筑平面测量图

做决定 Decisions

- 对具体要吃的菜品难以决定。
- 长时间犹豫吃什么（多人进餐时聚集在窗口讨论菜品）。

难以决定

个人 Personal

- 个人用餐情况不同，无法有一个固定的用餐流程。
- 单人用餐时主要会打包。

受主观影响大

点餐 Order

- 需靠近窗口看菜（窗口菜品标志模糊看不清）。

餐品展示不清晰

座位 Seat

- 用户端饭后坐位难找。

受主观影响大

菜品 Dishes

- 饭菜保温过难。

无法保温

路线 Route

- 用户行走路线容易冲突，造成拥挤。
- 行为重复路线过多，导致用餐时间变长，占据座位时间变长。
- 点餐、拿餐具、取餐路途往返重复。
- 重复性路线多。
- 用户来回徘徊，扰乱时间长，造成拥挤消耗，排队时间延长目显乱。

重复往返

窗口 Window

- 打饭窗口设置少。
- 窗口附近聚集人群多。
- 窗口雾气太重。
- 打包的人在旁边等候造成拥挤。

拥挤
点餐不便

取餐 Take Meal

- 在等待取餐时间过长时会表现不耐烦。
- 如果工作人员不提醒会无法知道自己的菜品是哪份。
- 等餐时间长，窗口附近聚集人群多。

等待时间长
不清楚哪个是自己的

(b) 记录用行行为

图2-4 在平面图上进行标注的行为地图

图2-4所示案例是针对学校食堂区域的用户行为进行的观察和记录，通过视频拍摄的方式记录地点内的用户行为，在平面图中标注出用户的行动路线，从而挖掘其关键行为特征。

3. 脉络访查法

（1）概述

脉络访查法是一种身临其境地观察、访谈，揭示潜在的、无形的工作结构的方法。运用脉络访查法有助于研究人员了解交流流程、任务序列、人们用来完成工作的组件和工具、与工作相关的文化以及物理环境的影响力。研究人员在调查中亲身体验参与者的经历，从而发现潜在的工作结构，因此所获得的数据更能反映现实情况。

（2）使用原则

①真实：脉络访查法最基本的要求是研究人员必须在真实的工作地点进行研究，必须观察人们日常活动的细节，这样才可以发现潜在的工作结构。

②合作：脉络访查法最突出的特点之一就是运用师徒关系模式。研究人员一边观察学习，一边通过提问探寻前因后果，而被观察者一边展示过程，一边解释内容。由于人们在边工作、边讨论的时候更能看出传授知识的工作结构，因而研究的数据更能反映真实情况。

③解释：在获得数据之后，研究人员要假设或者解释该数据对于参与者的意义。

④聚焦：研究人员必须打破自己的视野局限性，将重点放在参与者身上，多关注参与者的世界。

（3）操作步骤（图2-5）

通常，2~3小时的时间即可完成一次脉络访查。设计人员首先要实地观察和采访参与者，参与者的人数则需根据项目和工作的范围而定。然后进行亲身体验，了解人们日常活动的细节，进而综合分析研究结果。注意，设计人员要在不同用户群中采访多位参与者，然后才可以开始综合分析脉络访查的结果。

4. 眼动追踪法

（1）概述

眼动追踪法是指参与者在使用产品界面或与产品互动时进行眼动测试，从而收集详细的眼动数据的方法。眼动数据包括记录参与者注视时长、眼跳、关注度等的数据。

（2）常用设备及指标

常见眼动设备一般分两种，分别为非接触式红外眼动仪和头戴式眼镜式眼动仪。眼动仪的工作原理是：使用机器视觉技术捕捉瞳孔的位置，然后将这个位置信息通过内置的算法计算，获得用户在所看的界面上视线的落点，即用户当前注视点在界面上的位置。

基本的眼动指标包括以下几个方面。

①注视：即用户视线停留在界面某处，并保持一段时间的稳定的过程。此时用户会对注视到的信息进行理解。

②眼跳：即用户从一个注视点跳到另外一个注视点的运动过程。一般情况下，眼跳不会对视线经过的信息进行理解。

③瞳孔直径：有研究显示瞳孔直径和用户的情绪有关。这项指标特别适合游戏产品的测试，可以通过对玩家瞳孔变化的监测来了解用户在游戏过程中的情绪变化。

④热点图：热点图可以直观呈现界面上各个区域受到用户关注的程度，一般是将多名用户的数据叠加在一起形成的。热点图用颜色的深浅来表示用户的注视情况。注视情况可以用注视点的个数表示，即某个区域注视点的个数越多，热点图上该区域的

颜色就越深；也可以用注视的时长表示，即用户注视某个区域的时间越久，热点图上该区域的颜色就越深。

⑤兴趣区（Areas Of Interest，AOI）：测试过程中，研究人员可以使用眼动软件在测试材料上画一个区域，这个区域就是兴趣区。在数据分析时，使用关注度指标评估这个兴趣区对用户的吸引力如何。

图2-5 脉络访查法案例

图2-5所示案例是针对婴幼儿进食活动的脉络访查，设计者到被访者的家中实地探访，亲身感受为婴幼儿冲泡奶粉、制作辅食的全过程，同时通过谈话了解到了更多信息，并通过视频、拍照等方式将全程记录下来。

（3）作用

通过眼动追踪法，研究人员可以了解用户注意力在界面各元素上的分配问题，了解用户在界面上的决策过程，了解产品页面布局与用户心理预期是否匹配；也可以将眼动追踪法用于可用性测试中，以便深挖可用性问题等。

（4）操作步骤

第一步，界定研究问题，设计测试过程。根据项目需求提出实验假设或者要验证的问题，之后结合眼动指标，对实验效果进行指标定义。

第二步，预测试。在可用性测试中，预测试可以帮助我们发现之前设计的测试流程是否有疏漏，对测试脚本进行迭代。

第三步，招募用户。招募时要注意用户要尽可能适合使用眼动仪，同时根据实验性质和要求招募被试人数。

第四步，开始测试。

①准备测试材料：屏幕测试内容、指导语（最好是打印稿）、任务清单、用户信息登记表、问卷（如果需要）、纸笔、礼金等。

②调整坐姿：眼动仪所配的软件能将用户在眼动仪的"视野"中的位置示意出来，因此我们在调整用户坐姿时，只要让用户的双眼在眼动仪视野的正中央即可，必要时再去调整座椅的高度和眼动仪的角度。此外，研究人员需要查阅眼动仪的说明书，了解眼动仪的必要参数，例如一般非接触式红外眼动仪会要求人眼距离屏幕的距离保持在50~60cm。

③眼动校准：研究人员可以手动调节校准的点数，从4点校准到9点校准都可以，一般情况采用5点校准。

④预测试：在正式实验之前，需要用户熟悉测试流程，做一遍预测试。预测试的流程和正式实验的流程是一致的，只是测试材料有所不同。

⑤测后访谈/问卷：正式测试结束后，可以进行访谈/问卷，以便为后续数据分析提供更为丰富的信息。

5. 参与式观察法

（1）概述

参与式观察法是一种身临其境的实地观察研究方法，通过参与活动、情境、文化和次文化来了解各种情况和人们的行为。由于参与式观察法能够融入当地环境观察某个活动或时间，因此可以观察到重要的人物和事情（图2-6）。

参与式观察法原是人类学的一种基本研究方法，经改变之后被用于设计研究中。人类学家作为参与者可能长时间生活在观察的情境或文化中，但设计研究人员的参与时间比较有限。不过，二者的目的都是积极参与到当地环境中，与环境形成紧密联系，与研究对象一起经历各种事情，从而身临其境地观察重要的人物和事情。

（2）适用场景

在参与式观察法中，研究人员参与到当地环境中，不仅要记录环境中显而易见的事情，还要记录参与者的行为、互动、语言、动机和观念，因此，参与式观察法通常要结合访谈等其他几种实地观察方法来使用。

（3）形式

曾在哈佛大学、耶鲁大学和麦吉尔大学任教的约翰·蔡瑟尔（John Zeisel）从观察者的角度出发，认为参与式观察法有以下两种形式。

①边缘参与：作为自然的参与者融入当地环境，观察某个活动或事件。

②完全参与：完全成为某个群体、次文化或文化当中的一员，在特殊情况下，可能需要通过潜伏或隐蔽来掩盖身份。

注意，参与式观察法的研究人员需要保持警觉，并保留一定的客观性，以避免对小组成员产生影响。

参与式观察法

寻找爱好美妆的大学生，与她们交流美妆话题，观察参与者的日常生活。
通过她们在日常生活中的行为和表现发现有价值的信息，并得出她们对美妆知识的存放、调取和使用方面的需求。

C同学
爱好了解美妆信息及观看美妆教程的女生

过程

我们通过和她聊天，进入了美妆话题。
她说之前在微博看到过一个美妆博主的化妆视频，觉得超好看，想推荐给我们看。但是她的微博内容繁杂，所以她忘记是点赞还是转发，也不记得视频的关键词是什么了。她在微博里找了好久也没找到，最后这件事也不了了之。

需求分析

用户在整理获得的美妆知识方面，并不是有目的性的，但还是有这方面的需求。

用户没有一个特殊的能够专门存放她已获得知识的空间，当她需要使用到这个东西时，往往需要花费很多时间和精力。

D同学
一位热爱收集口红的同学

过程

最近一直听她说想买支新口红，也经常看到她在浏览一些美妆试色。
一个空闲的时候，她就跟我们聊了起来，她说很喜欢某个牌子的口红，但是一直在纠结色号，就想让人帮忙参考。她先翻找手机分类相册里的图片，给我看一个美妆博主的试色，又从另外一个分类上看别的试色，整个过程就在不同分类相册和App里切来切去，她自己也开始烦躁。

需求分析

用户对于美妆知识是有意识地存放收藏，但是收藏很杂乱，并不便于之后的使用。

对于用户之前收藏的东西，时间久了就很难再回想起来，于是慢慢地这个知识对她就不再有意义了。说明用户对之前存放的知识还是希望能有个再次回想、提醒的需求。

图2-6 参与式观察法案例

图2-6所示案例中，设计团队寻找了热爱美妆的女大学生，通过观察受访者的日常生活，发现有价值的信息，并得出她们对日常美妆的需求。

6. 隐蔽式观察法

（1）概述

隐蔽式观察法是指研究人员不直接参与行为过程或者发生交互关系，在不打扰参与者的情况下，通过观看和收听收集信息（图2-7）。

（2）作用

与参与式观察法的行为不同，隐蔽式观察法刻意避免研究人员（观察者）直接参与活动或与参与者交流，旨在尽量减少与参与者（用户）接触而产生的偏见或者行为对于观察结果的影响。

（3）形式

隐蔽式观察法有两种形式，最终选择哪种形式，要根据实际情况和研究的问题来决定。

①隐蔽局外人：观察地点远离参与者，尽量减少研究人员或录音设备对其行为的影响。这种形式的局限性在于很难捕捉到参与者个人的行为细节和内心想法。

②公开局外人：是指向被观察的参与者公开研究人员的身份和研究的性质，研究人员自然地待在某个位置，不对环境造成干扰。这种形式的缺点是尽管研究人员会尽力保持距离，在观察时不干扰活动过程，但由于参与者知道自己是被研究或观察的对象，因此就有可能改变自己的行为方式。

7. 影形法

（1）概述

影形法，就是如影随形地观察参与者日常生活或工作情况，随时了解一手详细内容，并使用照片、详细笔记、草图或音频进行记录的观察方法。研究人员在密切观察参与者的日常生活时，可以利用影形法获得深刻的见解，了解参与者的活动和决策模式（图2-8）。

（2）作用

影形法是一种探索性研究方法，其主要目的是帮助研究人员了解用户的实际行为、决策模式和日常习惯，因而十分有助于研究人员了解用户群体。此外，影形法也可以为早期的设计提供素材。

（3）操作过程

研究人员对用户进行影形观察时，需要制作一张概括性的模式图片，描述受测者的活动。影形法有多种变化形式，其中包括随行记录——与紧急医疗服务人员等专业人士一起轮班。所以，根据研究结果的价值衡量与研究相关的风险和危险，有些职业或角色的随影观察需要获得特别审核。

在影形法的使用过程中，研究人员与被观察者需要彼此合作，并保持适当距离，避免因为观察而影响参与者表达自然的习惯和行为。

隐蔽式观察法

A同学 纺织服设学生

晚上约了摄影师，并且自己将作为模特出镜，准备在客户完成一个上镜的彩妆妆容。

A同学前一天就已经在微博上挑好要完成的妆容视频并转发。

打开微博app找到自己发布的微博，很轻松地找到那晚保存好的彩妆视频，一边播放视频一边开始化妆。

基本步骤跟着视频进行，因为视频剪辑后速度有些快，在跟不上视频进度时会暂停视频直至完成那一步。

跟着视频学习时，会根据自己的情况进行调整。比如：比起用视频里的腮红形会更偏向于适合自己的圆形，或当视频中某些有些自己没有的单品时会找相近的东西替代。

视频中一些没有办法做到的东西，会提前购置或向同学借好。

对于视频中提到的一些单品，在完成妆容后，感到效果好的有购买的打算。

▽

当用户遇到一个需要化妆的场景时，她们有提前准备好完成的妆容视频知识并保存以便提取的需求。

用户对于准备好的妆容知识仍有快速提取的需求。

视频类教程存在与真实化妆活动不同步的问题。

用户并不是完全依照收藏的内容整理妆容而是会灵活结合自己的经验以此来寻找真正适合自己的妆容。

用户在不断地对收藏知识学习运用后，会对收藏中的单品产生购买意向。

B同学 工商管理学生

打算画一个精致的晚妆。

B同学的化妆品大多是粉色系，比较符合她的人形象和喜好，也适合她对这次妆容的定位，所以她不需要重新购置一些单品。

她的约会妆容相比日常妆容更加复杂精致，在眼影、腮红、口红等方面会用上平时不怎么用的彩妆品，也会花费多的时间搭配色彩，而其他地方则没有什么改变。

她会收集一些关于某个彩妆单品的配色及运用的图片。在化妆间隙她会看一下那些以前存有的化妆照片和教程，并改造地加以运用。

她喜欢使用同色系的单品，她认为这样保持整个妆容色调统一，并且营造一个统一的氛围。

对于自己感到满意的部分，她会向旁人安利，比如口红色号、眼影配色等。

▽

用户常为一些特定的社交活动提前储备一些妆容，必要时会促使用户使用更复杂的技巧对自己的妆容进行改进。

一些用户会时常调取收藏的知识，并对它进行创造性改进以适合自己。

用户偏向于在更聚集的数据库中提取知识（手机相册）。

用户乐于将自己的妆容风格总结成知识推荐给别人。

图2-7 隐蔽式观察法案例

图2-7展示的是设计者隐蔽记录女大学生平时对自己化妆品的管理以及她们运用和获取化妆相关知识的方式和途径。通过观察和分析被访者化妆的原因及全过程，设计者获得了她们化妆时在提取知识和使用方面的需求。

027

第二章 整合创新设计的工具

实地调研　观察法 | 影形介绍

影形介绍

在这部分，我们小组选取了五个正在大学生团队内工作的同学，参与了他们半天的生活，进行了相关的记录和思考，并提取了和沟通管理有关的有效信息

观察对象背景介绍

- 王池瑶　法学院　城词文创团队负责人
- 薛宇　服装与纺织学院　篮球社成员
- 周洋　人文学院　大学健身俱乐部队员
- 侯宗月　物联网学院　大学生艺术团成员
- 宫科宇　化学工程学院　大学生主持团部长

实地调研　观察法 | 影形过程

星期二中午之后的地点轨迹

王池瑶	上午专业课程下课	享用午餐	逛文化创意类的店铺和奶茶店	看课外书籍多为文艺类的书	下午的选修课程	享用晚餐	休息/复习课程
	教学楼	食堂	南区商业街	图书馆	教学楼	食堂	宿舍
时间	11:30	11:18	12:10	12:31	13:15	17:11	18:34

有效信息

1. 王池瑶喜欢交流与政治有关的话题，如果有人和她有共同的兴趣的话，她会更加不受拘束地与人交流

2. 她对于自己的专业非常有信心，在管理团队的时候会尽可能地将自己在法律学习中所锻炼的逻辑思维能力用到，希望打造一个在工作上具有高效率的团队

3. 非常喜欢文化创意类的物品，在中午吃完饭之后喜欢去商业街逛逛相关的店家，并且喜欢和店主交谈相关的内容

4. 中午一段时间内希望能有一个安静的环境，在图书馆看上一段书，无人打扰

实地调研　观察法 | 影形总结

① 在地点上，大学生团队成员都集中在宿舍、食堂和活动中心三个场所，进行的与沟通相关的活动也集中在这三个场所的最多，大家的需求也更多地在于兴趣交友

② 多数人都对社团例会表现出不太喜欢的态度，希望例会变得更有针对性，而不是形式化地举行，浪费大家的时间

③ 大家都希望通过在社团的锻炼，能提升自己的综合能力，希望能与更多的同学顺利地沟通，为以后的职业道路打下坚实的基础

图2-8　影形法

三、以"创作"为途径的数据收集工具

1. 拼贴

（1）概述

拼贴可以让参与者按照自己的理解自由发挥，在空白背景上拼贴不同的材料，也可以让参与者画好基本框架、线条，按照指示把文字和图像安排在基本框架内外、线条上。

一般的拼贴框架应该包含时间维度，例如过去、现在等。设计小组应运用定性分析，在几个拼贴内部和拼贴之间寻找模式和主题。设计过程中，可以使用或不使用特定的图像、文字和形状，可以从正面或负面使用各类元素，确定元素在页面上的位置以及各元素之间的关系（图2-9）。

（2）作用

传统的调研方法可能会令人感觉不自在，但拼贴法可以减少研究的难度，让参与者通过具体物件表达个人信息。通过材料的选择和组合，参与者可以按照自己的理解自由发挥，能够更自然地在具体物品上解释和表达内心的感受、想法和愿望。拼贴后的成果可以作为谈话等调研中形象的参考内容来使用，也可以为设计小组提供观点和灵感。

（3）操作步骤

①预先准备拼贴工具，选定恰当的材料——模糊但不会影响参与者的观点，同时也要足够明确，且符合拼贴的主题。工具及材料通常包括卡片或纸张、预先收集的图像、文字、胶棒等。也可以尝试使用定制软件，通过屏幕来制作拼贴。

②为参与者提供空白的卡片、贴纸和笔，让他们在拼贴过程中可以增添自己需要的内容。

③允许参与者自由发挥，每个成员完成一个拼贴。

④为保证分析的客观性和准确性，可以比较现场参与者和未在现场的参与者对拼贴结果理解的不同，并让他们逐一解释对拼贴结果的理解。参与者向小组或研究人员展示拼贴结果并解释自己的理解是一个重要环节，因此最好对这个过程进行录像，以供日后进一步分析。

⑤设计小组进行内部讨论，可以参考参与者的叙述来分析具体物件，也可以不参考参与者的叙述来分析。

图2-9 拼贴案例

图2-9所示的案例中，设计团队为了了解受访者在聚会娱乐活动中的体验和感受，给受访者提供了一些图片和文字，以帮助他们将自己的体验和感受表达出来。在受访者聚会结束后，设计团队将聚会中的一些主要部分可视化，并做成贴纸，分给受访者进行拼贴，从而了解这些受访者的主观感受以及他们对今后的产品有怎样的期望。

2. 文化探测

（1）概述

文化探测是一种引导参与者运用新的形式了解自己，更好地表达对生活、环境、理念和互动行为的理解的启发性方法。文化探测的构成材料较为灵活，没有特殊限制。只要可以启发人们认真考虑个人背景和相关情况，并以独特、创新的方式回答设计小组的问题，任何材料都可以作为文化探测的组成部分（图2-10）。

（2）作用

文化探测是一种探索性的方法，它并不在正式分析中使用。文化探测的发明者把这种方法定义在"艺术家—设计师"的范畴，并强调要公开表达自己的主观感受。作为一种灵活且具有创意的方法，它虽然随意，但仔细推敲其审美工艺、信息和成果便不难发现，这是一个可以让参与者比较愉快地参与项目、尊重过程、如实地表达自己主观感受的方法，因此它有助于设计小组顺利获得参与者的反响与回应，从而明确参与者的文化、喜好、信仰和愿望，进而收集到启发性的数据，激发设计的想象力。如果最终的设计得当，人们的积极参与和设计小组的投入会让文化探测收获等同或者超越传统方法的反响。这种方法为设计人员打开了一个探索设计的可能性，并且结合其他信息研究方法（如观察、实地考察、访谈和二手资料）的"窗口"。

此外，通过大规模使用定制产品，客户从消费者变成了协同设计师，而文化探测工具可以追踪这些变化，即在设计人员不在场的情况下，利用文化探测工具来了解客户的亲身体验，并长期收集信息。

（3）操作步骤

文化探测常用来辅助参与者进行自我描述，其具体操作步骤如下：

①确定文化探测的主题。

②准备需要参与者回答的问题。

③准备文化探测工具包，即准备明信片、地图、杂志、相机、录音设备和各种文本和图像等引导材料。文化探测工具包可以是多种形式材料的组合。

④为参与者提供文化探测工具包，并告知相关主题和问题。

⑤回收工具包。

图2-10 记录册式的文化探测包

图2-10所示案例中，设计者设计了一份压力记录册和情绪记录册，让受访者记录一天中感受到压力的时间以及压力消失的时间和压力具体情况，从而了解受访者日常压力来源与解压方式和情绪发生的时段。

3. 情书与分手信

（1）概述

情书与分手信是一种浅显易懂的数据收集方法，它能让人们更自然、放松地表达自己对产品或服务的情感。情书主要描述人们使用产品产生奇妙瞬间时的感受，展示出产品哪些方面令人高兴和陶醉，以及人们为什么会对该产品忠诚和专一。分手信主要是让研究人员了解到人们是何时、何地、如何与产品的关系变得恶化，深入了解人们放弃某个品牌或产品的原因。这两种形式都很适用于群体活动中，如协同设计、小组访谈，甚至破冰活动（图2-11）。

（2）作用

情书与分手信能体现出日常生活中，人们和产品或者服务之间的关系。二者的对象不是真实的人，而是产品或者服务——参与者根据要求将产品拟人化，给产品写情书或分手信。通常情况下，参与者会分享他们现实生活中的经历，描述某一产品在他们的生活中扮演（或曾经扮演）的角色，具有什么样的意义。参与者通常会表达出令人意想不到的心声，无论是喜欢还是讨厌产品，都能体现出人们对于某件产品的感情和强烈的情绪。这就可以让研究人员设身处地地了解消费者的感受，了解与用户产生联系并让他们获得愉悦的重要因素。

（3）操作步骤

参与者可以按照自己熟悉的方式——手写情书或分手信，来表达自己的思想和情感，展现自己对于产品或者服务感到满意还是失望。具体操作步骤如下：

①确定情书与分手信的拟人对象。

②请参与者在10分钟内写一封信（如果时间过长，可能会让参与者过度思考信的内容）。

③选出志愿者，让其在大家面前大声朗读信件的内容。

④重点拍摄参与者阅读信件的视频，其中参与者朗读信件时的声音也是一种值得关注的非言语性暗示。

⑤保存手写的信件原稿，这是重要的研究素材。

图2-11　情书与分手信

图2-11所示案例中，设计团队让受访者给自己喜欢的久坐后的放松方式或辅助产品写一封情书，给自己不喜欢的产品或舒缓方式写一封分手信，从文字中提取用户的痛点和期待。

4. 设计工作坊

（1）概述

设计工作坊是一种参与式的数据收集方法，通常是邀请几名参与者在约定时间内与设计小组成员一起工作，并在组织的会议过程中探讨共同的设计创意。设计工作坊的参与者往往不是设计人员，但他们会根据分配的问题积极参与创造性活动。

在设计探索阶段，设计工作坊可以运用拼贴、绘图、制作图表等方法来了解用户的世界、创建设计理念。设计工作坊最常用于生成性研究和弹性建模等注重共同设计的参与性阶段，并且提供创作理念，来验证设计团队的方向。在评估阶段，参与者与设计人员共同讨论设计理念，反馈信息，并为设计的修正和完善提供建议。

如今，设计工作坊也越来越多地用于培训对设计过程和设计思维感兴趣的商界人士及其他行业的人，他们通过亲自参与设计实践活动，更多地了解到设计的构思和创新过程。

（2）作用

设计工作坊的研究以活动为基础，因此，这样的方法更有效、有趣且令人信服，有助于参与者中的利益相关者相信设计人员的创意，并愿意表达自己的想法。虽然组织和运作设计工作坊可能费时费力，但付出的努力绝对值得，获得的成果也绝对斐然。设计工作坊不仅可以快速收集参与者的观点，还可以保证设计小组成员和客户都认可最终的结果。此外，设计工作坊通常是在工作场所或所有人都方便出席的场所举办，这样也可以节约参与者的时间。

（3）操作过程

设计工作坊一般由主持人提前策划安排，通常包括以下几项活动。

①概括介绍这次议程的主题和安排。

②小组讨论相关话题，小组成员可以记录或者画下讨论结果。

③参与者可以在便签纸上记录个人想法，然后由小组建立亲和图共同分享讨论。

④个人或规模较小的团队可以运用拼贴、绘图或其他形式表达创意，然后呈现给大家。

⑤小组还可以进行一些简单的设计培训工作，以便参与者能够参与构建实物模型、草图或故事板，或者在团队内进行角色扮演，体会如何通过设计解决问题。

练 习 题 —— **身边的设计挑战与机会**

请依据国家相关政策文件寻找身边的设计挑战与机会（如可持续发展需求与大学校园里外卖包装的回收系统等），研究该具体情境中利益相关者的真实行为与心理：

1. 设计相关的访谈、观察等方法的计划；
2. 给出访谈、观察等操作中的具体内容。

思政要点 —— 本题寻找真实情境，训练本节所讲授工具的应用能力，同时自然导入国家相关政策作为引导。通过练习，鼓励学生将设计研究与社会服务相结合，培养设计师服务社会的责任意识。

第二节　数据分析工具

在通过以上各种途径收集到用户数据后，需要一定工具对所收集的数据进行分析和设计定义。下面介绍三种数据分析工具。

一、数据洞察分析

1. 概述

洞察的一般定义就是深入了解形式或者理解观察结果内在性质的行为，通过提出"为什么"这样的问题对观察结果进行追根寻底式的诠释，从而了解其深刻含义。洞察，通常可以理解成一种观点，或者理解为可以通过某种方式作出合理说明、并为人们普遍认可的一种解释。有价值的洞察往往不易察觉，甚至意想不到。

所谓"数据洞察"，就是发现数据反馈中本身就存在的，但是需要花一番工夫才能得到的分析结果。注意，洞察不是创造出来什么新东西，而是发现了一个过去没关注到的数据分析结果。

以对人们的购房决策的研究为例，通过观察、访谈等各种途径收集的各种现象，发现很多现象反映出人们的普遍需求，即希望可以提前了解住房的环境。这个发现可以解释人们很多的行为，那么我们就可以视其为一个洞察。基于这个洞察就可以为设计提供相应的指导。

2. 必要性

沃顿商学院的荣誉教授罗素·艾可夫（Russell L. Ackoff）提出了一个DIKW模型，其价值在于可以帮助我们构建和解释如何处理数据的收集和分析结果。DIKW模型在"研究框"中显示了三个层级，即数据、信息和知识。在框外，最底层称为现象，最上层称为智慧。不同的层级会对应不同的设计价值，其中数据层对应比较零散的设计想法，如果想得到比较宏观和深刻的设计定义和指导，就需要分析数据，形成洞察（图2-12）。

图2-12　DIKW模型

3. 使用步骤

现象是指在世界上发生的某些事情，了解现象的意义是我们的研究目标。我们无法真正捕捉到现象，但可以捕获和保留数据。数据可以以照片、视频、音频甚至笔记的形式记录下来。数据与信息不同，信息是研究人员或研究团队解释过的数据，这也是二者最重要的区别。对于同一条数据，可能会有不同的解释，例如一张照片可以被解释为"带有明亮灯光的照片""清晨活动的照片""有人打电话的照片"或"我们的参与者为我们拍照的照片"。这些不同的解释来自相同的数据，并且都可能有效。

数据本身没有任何意义，它是研究人员通过诠释主动选择的结果。虽然数据通常是物理的并且具有多样性，但研究人员对数据的诠释是符号化的（通常是口头的），并且通常在一定的分类框架内对数据进行选择。

虽然数据不能完全相同，但作为符号的信息可以是相同的。因此，可以在解释中寻找模式，并且可以由人或计算机执行符号操作的方法，例如排序和计数方法。

对数据结果进行一系列条理清楚的说明，有助于促成设计师形成对问题的全局视野，使过程变得清晰、明了，也易于团队达成共识，形成洞察。下面介绍从完成数据收集到开始洞察分析的步骤（图2-13）。

①搜集并描述观察结果。在前期的用户研究中，利用现场记录、照片、音频、视频、访谈等方法得到了观察结果。对于每个观察结果，都需要进行书面说明，以此作为观察行为的实证性陈述。需要注意，在描述观察结果时，应保持客观、理性，无须作出任何解释或判断。

②透过现象看本质，找出深层逻辑依据。设计师应通过观察表面的结果，主动了解用户行为背后的思考过程，形成洞察或者普遍认可的解释。同时将所有的洞察记录，并选出最易于接受的洞察。

③描述所有洞察。为每一个洞察撰写简明、客观的陈述。洞察代表经过具体观察后提炼出的更高层次的内容，其陈述应具有一般性、普遍性。

④组织和整理所有洞察。在电子表格中整理出观察结果的陈述以及对应洞察的陈述。洞察可以是多个观察结果形成的单个洞察，也可以是单个观察结果产生的多个洞察。

⑤讨论并完善。在集体讨论洞察时，设计团队应考虑这些问题：这些洞察是否包括所有的研究结果？是否具有非线性？是否令人意想不到？是否足以涵盖所有方面？是否需要进一步研究验证？

二、商业模式分析

1. 概述

商业模式画布是一个重要的分析工具，适用于很多角色。通过商业模式画布，设计师可以找到合适的商业模式，从而发布新的产品。商业模式描述的是企业如何创造价值、传递价值和获取价值的基本原理，它像一个战略蓝图，通常通过企业的组织结构、流程和系统来实现。商业模式画布包含4个主要方面：客户（为谁提供）、提供物（提供给什么产品/服务）、基础设施（如何提供）和财务生存能力（成本和收益是多少）。

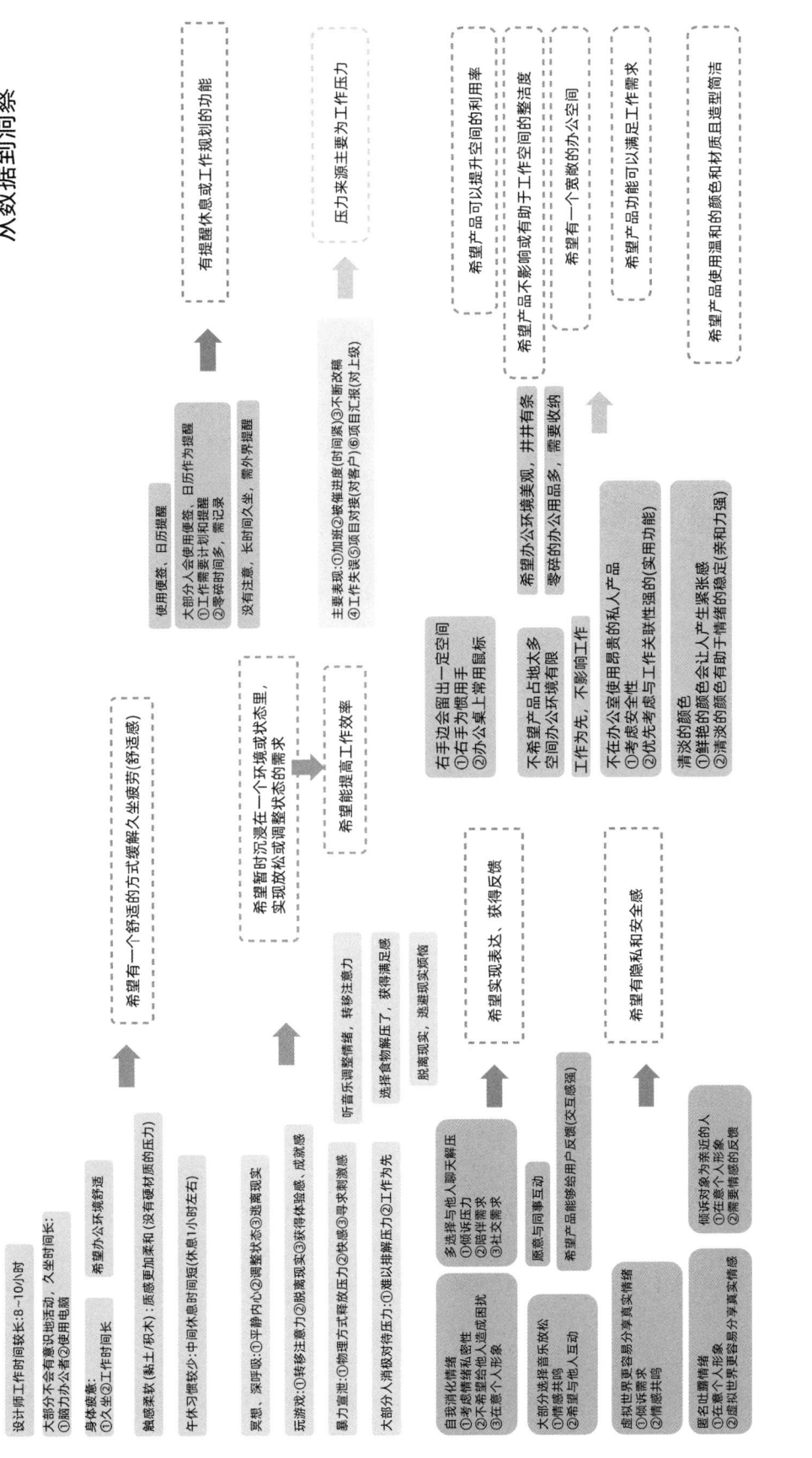

图2-13 数据洞察分析法

图2-13所示案例中,设计团队在对缓解用户压力和疲劳的相关活动进行数据收集后,整理归纳出了洞察点。

第二章 创新合整具工的设计

商业模式画布由9个基本构造块组成：客户细分、价值主张、渠道通路、客户关系、收入来源、核心资源、关键业务、重要合作、成本结构。

（1）客户细分

客户细分用来描述一个企业或机构所服务或想要接触的一个或多个客户分类群体。客户是任何商业模式的核心。

客户细分群体存在不同的类型，包括以下几种。

①大众市场：聚焦于大众市场的商业模式在不同客户细分之间没有多大区别，价值主张、渠道通路和客户关系全都聚焦于一个大范围的客户群组，在这个群组中，客户具有大致相同的需求和问题。这类商业模式经常能在消费类电子行业中找到。

②利基市场：以利基市场为目标的商业模式迎合特定的客户细分群体，价值主张、渠道通路和客户关系都针对某一利基市场的特定需求定制。这样的商业模式常常可以在供应商和采购商的关系中找到，例如，很多汽车零部件厂商严重依赖来自主要汽车生产工厂的采购。

③区隔化市场：有些商业模式在略有不同的客户需求及困扰的市场细分群体间会有所区别。例如，瑞士信贷集团（瑞士三大银行之一）的银行零售业务，在资产超过10万美元的大客户群体与资产超过50万美元的更为富有的群体之间，市场区隔就有所不同。这些客户细分群体有很多相似之处，但也有不同的需求和困扰。这样的客户细分群体影响了瑞士信贷集团商业模式的其他构造块，诸如价值主张、渠道通路、客户关系和收入来源。

④多元化市场：具有多元化客户商业模式的企业，可以服务于两个具有不同需求和困扰的客户细分群体。例如，2006年亚马逊为了让销售业务多样化，决定销售云计算服务，即在线存储空间业务与按需服务器使用业务。于是，亚马逊开始以完全不同的价值主张迎合完全不同的客户细分群体——网站公司。

⑤多边平台或多边市场：有些企业会服务于两个或更多的相互依存的客户细分群体。例如，信用卡公司需要大范围的信用卡持有者，同时也需要大范围的可以受理那些信用卡的商家。同样，报纸企业提供的免费报纸需要大范围的读者，以便吸引广告，同时还需要广告商为其产品及分销提供资金。这些企业要想让这个商业模式运转起来，就需要双边细分群体。

（2）价值主张

价值主张用来描绘为特定客户细分创造价值的系列产品和服务。企业通过价值主张来解决客户难题和满足客户需求。下面的一些简明要素，有助于为客户创造价值。

①新颖：产品或服务能够满足客户从未感受和体验过的全新需求。

②性能：改善产品和服务性能是传统意义上创造价值的普遍方法。

③定制化：以满足个别客户或客户细分群体的特定需求来创造价值。

④把事情做好：可通过帮客户把某些事情做好而简单地创造价值。

⑤设计：产品因优秀的设计脱颖而出。

⑥品牌/身份地位：客户可以通过使用和显示某一特定品牌而发现价值。

⑦价格：以更低的价格提供同质化的价值，以满足对价格敏感的客户细分群体。

⑧成本削减：帮助客户削减成本是创造价值的重要方法。

⑨风险抑制：帮助客户抑制风险也可以创造客户价值。

⑩可达性：把产品和服务提供给以前接触不到的客户。

⑪便利性/可用性：使事情更方便或易于使用，可以创造可观的价值。

（3）渠道通路

渠道通路用来描述企业是如何沟通、接触其客户而传递其价值主张。沟通、分销和销售这些渠道，构成了企业对客户的接口媒介。渠道通路是客户接触点，在客户体验中扮演着重要角色。渠道具有5个不同的阶段，每个渠道都能经历部分或全部阶段。我们可以区分直销渠道与非直销渠道，也可以区分自有渠道和合作伙伴渠道。企业可以选择通过自有渠道、合作伙伴渠道或将二者混合来接触客户。

（4）客户关系

客户关系用来描述公司与特定客户细分群体建立的关系类型。企业在每个客户细分市场都会建立和维护客户关系。我们通常把客户关系分为以下几种类型，这些客户关系可能共存于企业与特定客户细分群体之间。

①个人助理：基于人与人之间的互动，可以通过呼叫中心、电子邮件或其他销售方式等手段进行。

②专用个人助理：为单一客户安排专门的客户代表，通常是向高净值个人客户提供服务。

③自助服务：为客户提供自助服务所需要的所有条件。

④自助化服务：整合了更加精细的自动化过程，可以识别不同的客户及其特点，并且提供与客户订单或交易相关的信息。

⑤社区：利用用户社区与客户或潜在客户建立更为深入的联系，如建立在线社区。

（5）收入来源

收入来源用来描述公司从每个客户群体中获取的现金收入，包括一次性收入和经常性收入（需要从创收中扣除成本）。收入来源产生于成功提供给客户的价值主张，有固定定价和动态定价两类定价方式。以下是一些可以获取收入的方式。

①资产销售：销售实体产品的所有权。

②使用收费：通过特定的服务收费。

③订阅收费：销售重复使用的服务来收费。

④租赁收费：针对某个特定资产在固定时间内的暂时性排他使用权的授权。

⑤授权收费：知识产权授权使用并换取授权费用。

⑥经济收费：提供中介服务收取佣金。

⑦广告收费：提供广告宣传服务收入。

（6）核心资源

核心资源用来描述让商业模式有效运转所必需的最重要因素。核心资源是提供和交付先前描述要素所必备的重要资产。核心资源可以是实体资产、金融资产、知识资产，也可以是人力资源。核心资源既可以是自有的，也可以是公司租借的或从重要伙伴那里获得的。

核心资源可以分为以下几类。

①实体资产：包括生产设施、不动产、系统、销售网点和分销网络等。

②金融资产：金融资源或财务担保，如现金、信贷额度或股票期权池。

③知识资产：包括品牌、专有知识、专利和版权、合作关系和客户数据库。

④人力资源：在知识密集产业和创意产业中，人力资源至关重要。

（7）关键业务

关键业务用来描述企业为了确保其商业模式是否可行而必须要做的最重要的事情。任何商业模式都需要多种关键业务。

关键业务可以分为以下几类。

①制造产品：与设计、制造及发送产品有关，是企业商业模式的核心。

②问题解决：为客户提供新的解决方案，需要知识管理和持续培训等业务。

③平台网络：网络服务、交易平台、软件甚至品牌都可看成平台，与平台管理、服务提供和平台推广相关。

（8）重要合作

重要合作用来描述让企业商业模式有效运作所需的供应商和合作伙伴的网络。企业的有些业务需要外包，一些资源也需要从企业外部获得。

合作关系分为以下四类。

①在非竞争者之间的战略联盟关系。

②在竞争者之间的战略合作关系。

③为开发新业务而构建的合资关系。

④为确保可靠供应的购买方的供应商关系。

（9）成本结构

成本结构用来描述企业运营一个商业模式及上述要素所引发的所有成本构成。

成本结构有两种类型。

①成本驱动：创造和维持最经济的成本结构，采用低价的价值主张、最大限度自动化和广泛外包。

②价值驱动：专注于创造价值，增值型的价值主张和高度个性化服务通常以价值驱动型商业模式为特征。

2. 必要性

如前文所述，在整合创新中需要考虑的内容要素除了用户外，还有商业、技术等内容。而一个成功的整合创新需要在商业上获得认可，就离不开对商业模式的分析。了解和学会分析商业模式，设计师才能质疑、挑战和转换那些陈旧、过时的商业模式，从而重新使一个商业模式恢复活力；才能把富有远见的想法应用在商业模式中，从而更加系统地发明、设计和实现更好的商业模式。

3. 工具

以上9个商业模式构造块组成了构建商业模式便捷工具的基础，这个工具我们称之为商业模式画布。我们可以通过填充相关构造块来描绘现有的商业模式或设计新的商业模式。使用商业模式画布的最好办法就是将其在大的背景上投影出来，这样设计团队就可以用便利贴或者马克笔共同绘制和讨论商业模式的不同组成部分（图2-14）。

来自设计领域的设计理念和设计工具，同样是商业模式取得成功的必要条件。设计领域的一系列技术方法和工具，都能够帮助我们设计更好、更具创意的商业模式。设计师的任务包括持续追求最好的设计方法、探索未知的领域并实现所需要的功能、拓展思想的界限、无保留地探索新的方向以及发现未知并加以实现。这就需要具备"找到还有什么不存在"的能力。

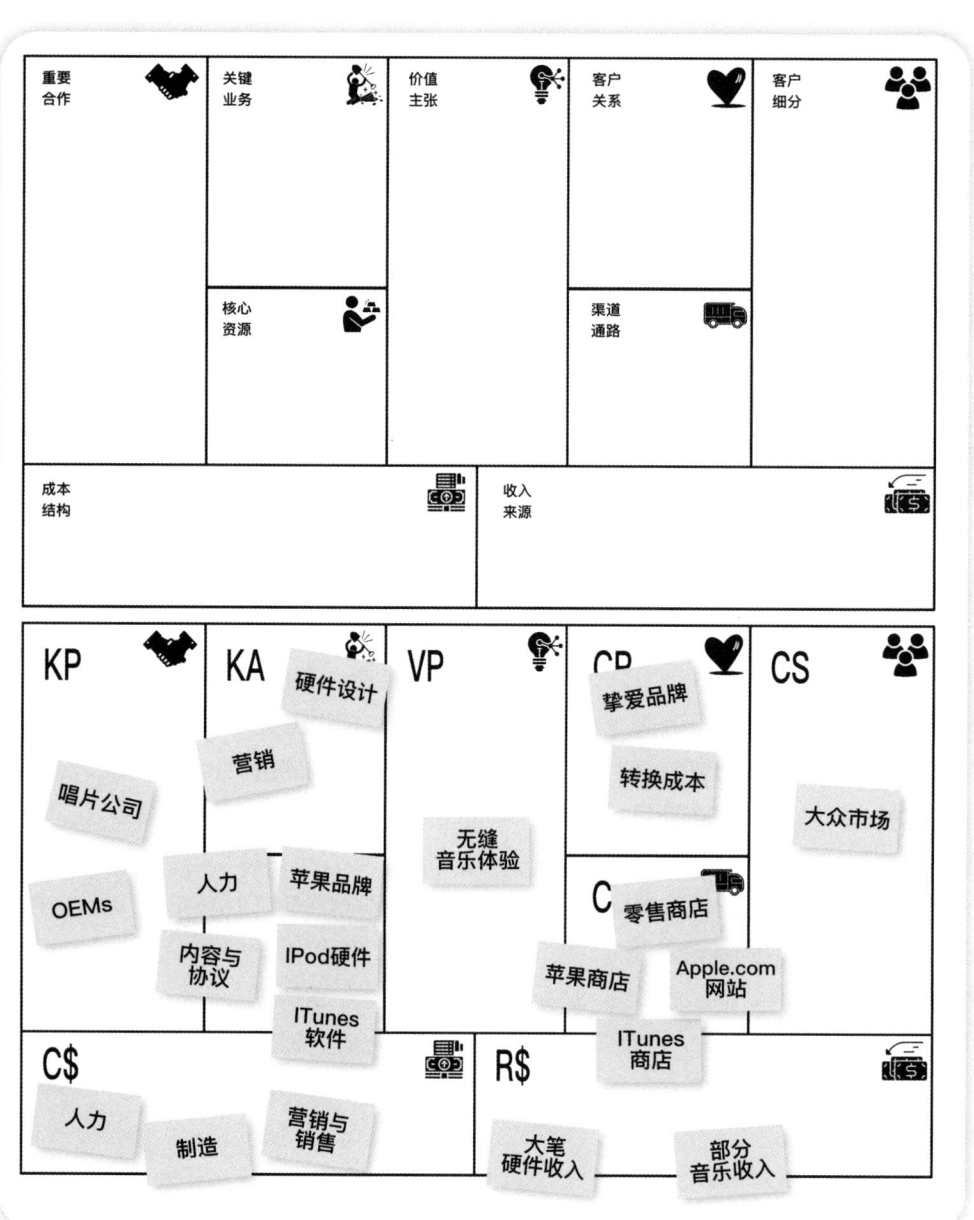

图2-14　商业模式画布

三、BTU综合分析

1. 概述

BTU是指根据企业需求（Business needs）、用户需求（Users wants）、技术目标（Technology targets）这三方面来对某一设计问题进行定义、机会点挖掘，进而得出产品特征描述（图2-15）。企业需求主要关注于消费者，根据企业目标计划和市场需求确定；用户需求也是关注于消费者，主要通过调查和设计过程确定；技术目标则关注于知识产权，是由工程和机械制造决定的。将这三方面进行整合，能产生新的设计机会点。

图2-15 BTU分析框架

2. 作用

正如前文所述，在整合创新中不仅要考虑用户、商业，还要考虑技术。而BTU能够为我们提供一个可以综合几个要素进行考虑的框架，使我们可以综合用户研究的结果、商业分析的结果、技术条件来寻找合适的创新机会。

3. 案例

图2-16所示案例中，设计团队使用BTU框架对女性职业病与亚健康相关情况进行分析，从用户、企业和技术这三方面进行需求阐述，最终聚焦设计创新，从而有助于产出设计方案。在这个案例中，用户部分总结了女性职业现状与亚健康需求，包括希望产品温暖、美观，提供实时监测和个人管理，符合生活习惯等；在商业部分，提出了商业着力点，包括个性化服务、优化服务流程等；在技术部分，总结了可以采用的技术，包括大数据、云计算、物联网等。设计团队整合各个部分的诉求，提出了最终的设计目标，同时将智能硬件整合到日常健康服务系统中，对用户进行全面的检测、分析、评估，及时向用户反映其身体健康的状况。

图2-16 女性职业病与亚健康相关情况

? 练习题

共赢的商业模式分析与构想

请选择国内一家公益组织机构的商业活动,使用商业模式画布进行分析:

1. 绘制出完整的要素画布图;
2. 标注关键资源、核心合作伙伴及成本结构;
3. 评估其价值主张的有效性或局限性;
4. 思考如何在以社会效益为本的基础上实现经济效益最大化,并提出建议。

思政要点

本题通过真实案例分析,训练学生对工具的应用能力,同时自然引入"商业向善"理念作为引导。通过练习,鼓励学生将商业与社会责任相结合,培养经世济民的专业担当精神。

第三节 创意思维工具

一、设计思维的特征

设计思维与其他学科的思维不同,具有一定的独特性。在学习创意思维的方法与工具之前,有必要对设计思维的特征进行一些探讨。

设计思维与传统思维的不同在于,传统思维主要运用大家熟知的归纳(Inductive)推理和演绎(Deductive)推理,而设计思维运用的是溯因(Abductive)推理。

溯因推理的概念最早由美国哲学家皮尔士(Charles Sanders Peirce)提出。他认为,任何一种科学探索都包含三种不同类型的推理组合:归纳是从特殊到一般,它试图证明什么是正确的,但得到的结果不一定是正确的;演绎是从一般到特殊,它展示什么是起作用的，得到的结果肯定是正确的；而溯因则仅仅是对事物和现象进行解释的过程，它是根据事实推导出最合理解释的推理过程。

下面借用荷兰独立研究组织荷兰应用科学院资深科学家麦克·斯迪恩（Marc Steen）在研究中给出的一个例子来具体解释这三种推理。归纳推理始于观察，然后从观察中找出一个模式。比如如果一个人通过观察发现：黄铜在加热之后会扩大（P1-Q1），钢铁在加热之后也会扩大（P2-Q2），那么他就可以归纳推理出金属在加热之后会扩大（P-Q）。这种推理在自然和人文学科中都有应用。演绎始于一个或者两个前提，然后从中得到一个结论。比如一个人得到两个前提：所有的人类都是会死的（P-Q）、苏菲是一个人（P），那么他就可以演绎推理出苏菲是会死的（Q）。这种推理是数学和逻辑中常用的推理方式。而溯因推理则是始于一个特殊的情景或者问题，然后同时形成对问题情景和可能方案的理解。例如设计一个有市场的水杯，当想到了一个带有温度显示的杯子后才明确了需要解决杯中水温的可感知性问题。

由此可以看出，归纳推理仅得出结论不作一般性解释，而溯因推理会对事物和现象尝试进行合理的解释；演绎推理是根据事实和规律得出结果，而溯因推理是根据结果和规律得出事实。溯因推理的过程，既需要思维的发散，也需要思维的归纳。鉴于此，下面将讲述这两种思维的具体方法。

二、思维发散的方法与工具

1. 奔驰法

（1）概述

奔驰法（SCAMPER）是用来辅助和生产创新思维的方法之一，它主要通过七种思维启发方式帮助我们拓宽解决问题的思路，即替代、合并、改造、调整、改变用途、去除、反向，见表2-1。

表2-1 奔驰法七种思维方式的具体内容

思维方式	内容
替代（Substitute）	概念中哪些部分可以被替代从而得到改进？哪些材料或资源可以替换？哪些产品或流程的使用也可以达到同样的结果？
合并（Combine）	改进概念可以结合哪些元素？是否可以将该产品与其他产品结合？是否可以结合不同的设计目的？
改造（Adapt）	是否可以调整概念中的一些元素？如何调整产品以适应其他设计目的？还有什么相似产品可以进行调整？
调整（Modify）	如何修改你的概念来进行改进？是否可以改变颜色、尺寸、声音、材质等产品特质？
改变用途（Put to other uses）	该概念如何应用于其他用途？是否可以用于其他场合或行业？不同情境下该产品行为方式是否改变？该产品是否可以回收用于其他用途？
去除（Eliminate）	概念中哪些方面可以去除？现有概念是否可以简化？可以省略创意中的哪些特征、部件或规范？
反向（Reverse）	如果是完全相反的概念会如何？如果产品使用顺序被改变呢？是否可以生产一个完全相反的设计？

（2）适用场景

奔驰法特别适用于思维发散阶段。使用奔驰法生产创意时，可以暂时忽略设计的可用性和相关性，在初步想法产生之后，再运用上述七种思维启发方式进行思维发散，从而得到一些出人意料的创意。在头脑风暴结束后，还可以进一步使用奔驰法拓宽思路。

（3）使用方法

使用者可以使用上述七种思维启发方式，针对现有的产品创意和概念进行提问和思考。使用该方法得出更多的灵感或概念之后，可对现有创意进行分类和挑选，并对最具有前景的概念进行优化。

2. 思维导图

（1）概述

思维导图是一种非线性视觉思维工具，它主要展示在同一主题下思维与创意之间的联系，能够形象地表达参与者头脑中的信息。此外，思维导图也是一种辅助记忆的设计工具，除了可以用来启发创意，也可以用来进行思维梳理，从而加深对问题的认识和理解。思维导图可以用于设计流程中的多个阶段，但多用于思维发散阶段。

（2）作用

思维导图在整理、分析某个问题的复杂关系时发挥作用。通过思维导图，设计师将某一主题的相关概念与想法进行视觉化呈现，从而使该主题的问题结构条理清晰，能直观地呈现某个设计主题。这对于定义该设计主题的主次因素十分有效。

（3）呈现形式

思维导图常围绕某一中心主题进行思维发散，因此多以树形形式呈现。其主要枝干可以是不同的解决方案，且每个主要枝干皆有分支，用来描述该方案的优势与劣势。绘制思维导图时，使用者需要将脑海中所想的内容全部记录在思维导图中。若有小组讨论，将小组内每个人独立完成的思维导图集中起来讨论分析，将会更加有效。

（4）操作步骤（图2-17）

①在空白纸张中央写下主题名称，并为其创造一个轮廓。

②绘制一些从主题中心向外扩展的线条，在脑海中发散该主题的多个方面，并将其写在这些线条上。

③根据自己的思维发散情况，在主线上增加相应的分支。

④使用一些特殊的视觉元素进行标记，例如使用不同的颜色区分不同的思维主干，用线条连接相近或相关的想法，在想要深入的想法处使用图案进行标记等。

⑤观察和分析绘制好的思维导图，并试着排列各个想法间的相关性，进而提出解决方案。

⑥根据需要，绘制新的思维导图。

3. 头脑风暴法

（1）概述

头脑风暴法是一种可以激发使用者产生创意的思维发散方法，它以一种形象的方式解读所获取的信息，对问题进行探究，最终创造新的知识。一次头脑风暴的最佳参与人数为4~15人。

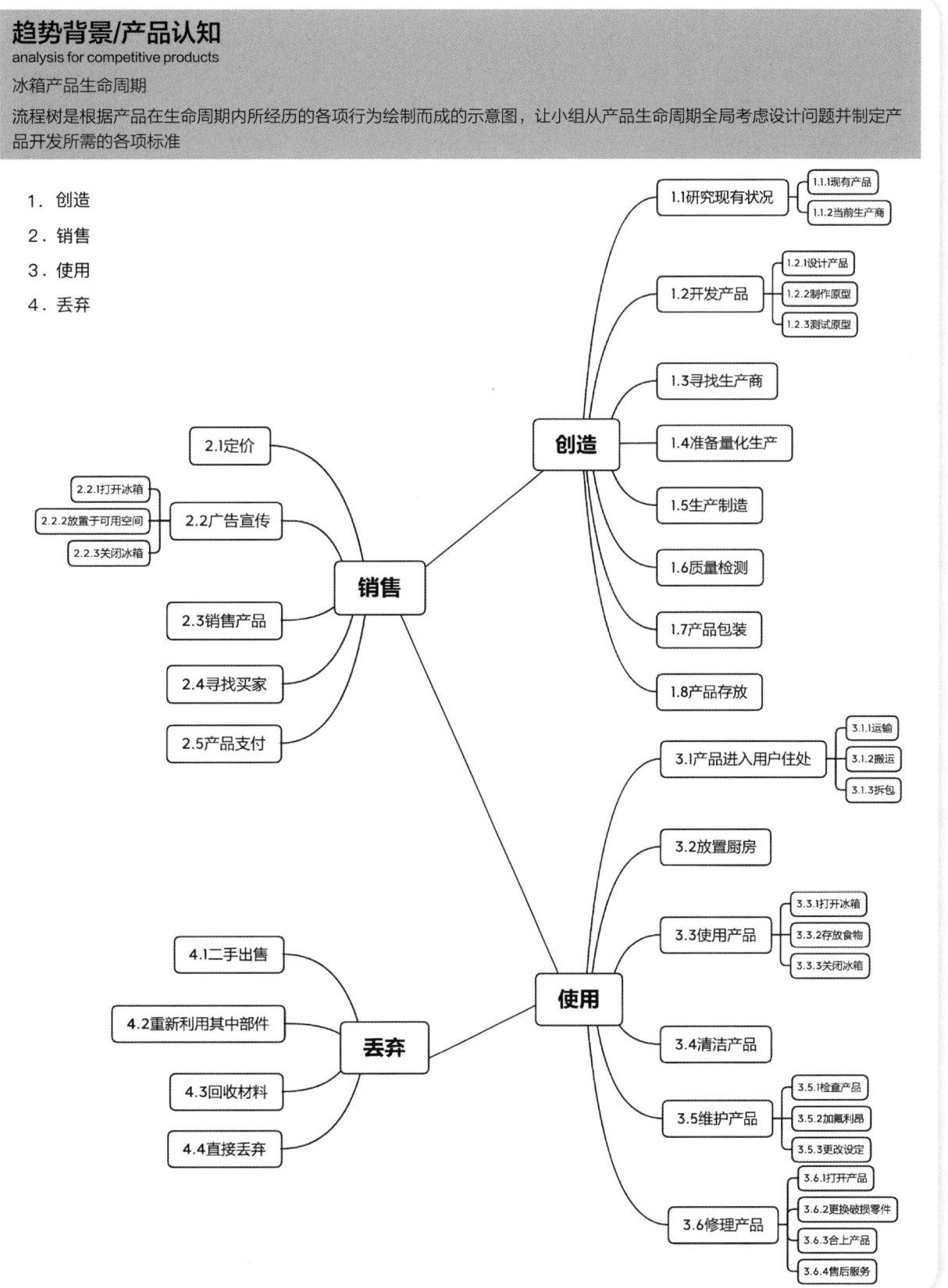

图2-17 思维导图

图2-17是设计者在进行冰箱产品相关设计的前期，对冰箱产品在生命周期内会经历的各项行为绘制的思维导图。该思维导图便于设计者在后期设计过程中更好地从全局考虑产品开发各个阶段应注意的细节问题。

（2）适用场景

头脑风暴法适用于设计过程中的每个阶段，尤其在设计问题和要求确立之后使用最为有效。在使用过程中，同样可以暂时忽略其可用性和相关性来进行思维发散，以全面地生产创意。

（3）呈现形式

根据可视化框架的不同，头脑风暴法分为头脑风暴图、树形图和流程图三种形式。它们的绘制方法具有差异。

①头脑风暴图：可以首先确定中心，然后向外扩展；也可以先确定所有的组成部分，再精确提炼，最后确定中心主题。

②树形图：通过从上而下或从下而上的构建方式来表达层次关系、分类系统或主要论点与论据之间的关系。

③流程图：流程图通常有起点和终点，有明确的时间安排，但也可以调整为封闭的系统形式。通过流程图，可以记录一系列事件中不同行为体的行为和步骤。

（4）使用原则

①延迟评判：每位参与头脑风暴的成员在初始时应尽量忽略想法的实用性、重要性、可行性等因素，尽可能不对想法提出异议或批评。

②随心所欲：每位参与者都可以提出想法，想法内容不限，越广泛越好。

③"1+1>2"：参与者应尽可能对其他人提出的想法进行补充和改进。

④追求数量：参与者应尽可能在短时间内提出大量想法，以数量成就质量。

（5）操作步骤

①定义问题：挑选参与人员后，制定活动计划，包括时间规划和需要用到的方法，同时拟写一份以"如何"为开头的问题清单。

②发散思维：在所有问题中，参与者选出最具前景或最有意思的想法，并将这些想法进行归类。

③书面头脑风暴（6×3×5法）：6名参与者，每人在5分钟内写出3个想法并传递给身边的参与者，直到自己写下的最初想法被传递回来。这样，在25分钟内就产生了90（6×3×5）个想法。

④绘图头脑风暴：每位参与者都在自己的纸张上画出一个相关概念，每过3分钟就依次将自己手中的纸向下一位参与者传递。每位参与者都在上一位参与者的概念基础上进行创造或者改进，可重复多次，最终得到与参与者数目相同的且画满概念的纸张。每张上面都是所有参与者的创意集合（图2-18）。

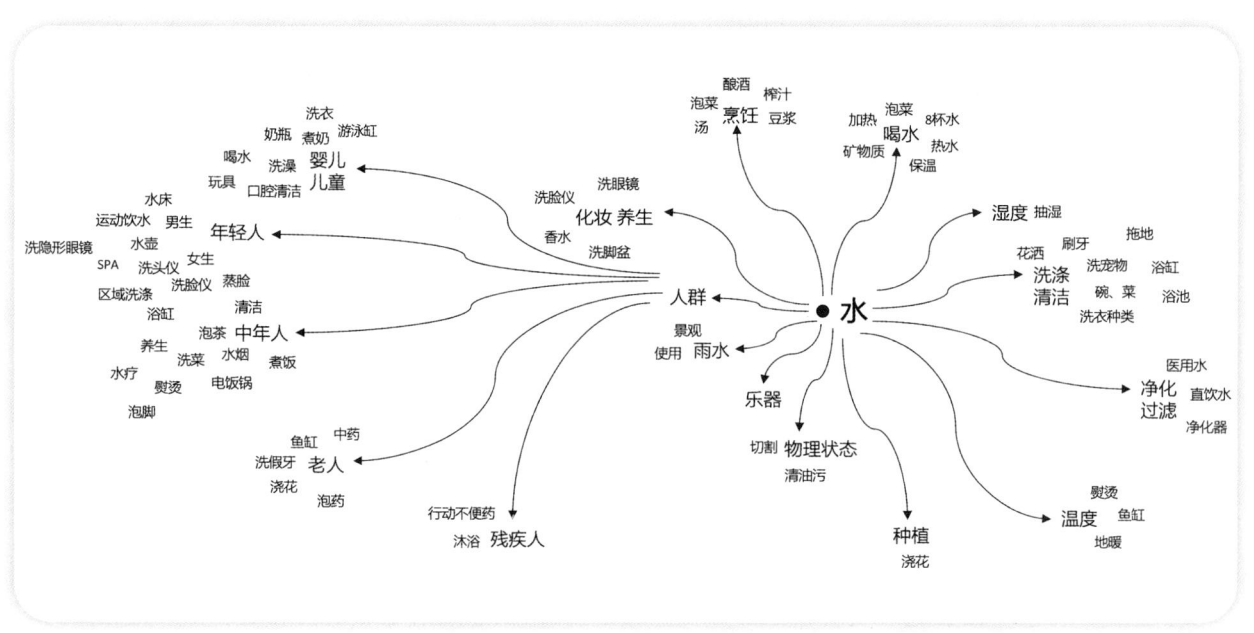

图2-18 头脑风暴图

图2-18是围绕用水问题展开头脑风暴而产出的思维导图。设计者们为了寻找设计的切入点，从多方面进行思维发散，得到了无数关键词，譬如水的用途（烹饪、饮用、洗涤、清洁等）、使用人群及该人群的特殊需求（年轻人的洗护需求、儿童或婴儿的饮食需求等）、水本身的状态（温度、物理状态等）。

⑤评估归类：在一个清单里列出所有创意，并对这些创意进行评估归类。

⑥聚合思维：选出最令人满意的创意组合，然后进入下一个设计环节。

4. 双关联想法（以概念矩阵为例）

（1）概述

概念矩阵是根据研究所得到的洞察而形成的综合、全面的概念集合。通过研究和分析输出的两个因素集合或框架，生成相关概念（或目标概念），以达到开拓思维模式、拓展全局视野的目的。

概念矩阵对得出的两个要素集合进行分析，进而创建二维矩阵，以便在其交叉部分探索概念。这一方法的关键在于要素集合的选取，被选用的两个要素应当全面且相互补充，以使其交叉部分与项目目标相吻合。通常，研究中发现的一系列活动或需求是一个重要的要素集合。第二个要素集合可以通过其他方法得到。

（2）作用

这一方法可以促进概念的发散，使新概念的形成更加清晰、简明。同时有助于设计参与者之间的协作关系。

（3）操作步骤

①选取两个要素集合，建立矩阵。

在"构建洞察"模式中，得到的洞察与框架需要引起参与者的重视。参与者需要集体讨论，思考如何应用有价值的创意，并选择其中两个要素集合构建矩阵交叉部分。这两个要素集合应相互补充，以创建有利于概念探索的基本框架。比如在研究中，研究者常使用用户类型和用户体验图这两个要素集合构成组合，并将这两个集合分别作为首行标题和首列标题来创建表格。

②在矩阵中填入概念。

在这一步骤中，需要参与者围绕两组要素的交叉部分开展自由讨论。也许最终概念的数量有所不同，但在讨论过程中不能遗漏。之后，可以为每个概念起一个引人注目并容易记忆的名称，同时给出简短说明；也可以为每个概念创建示意图。如果概念的视觉化表现对概念的说明有补充作用，将有利于交流和共享。

③利用该方法，进一步探索概念。

使用概念矩阵得出结果之后，可以进行下一步的自由讨论，或者对概念进行比较或初级集体评估。利用其他研究得出要素集合后，可以建立更多矩阵，从而进一步探索出更多概念。

5. 类比隐喻法

（1）概述

类比隐喻法包括类比和隐喻两个方面。在实际解决问题时，这两个方面互相渗透、互相影响，通常同时发生。其中，类比有助于从崭新的角度解决问题。类比有四种类型。

①直接类比：将概念与现实世界中已经存在的某个事物进行比较。例如"电话"就是在人的"耳朵"结构中受到启发而发明的。

②虚幻类比：将概念与现实世界中不存在的某个事物进行比较和联系。例如在解决"有线电话不方便使用者来回走动"这一问题时，如果想出"如果使用者能随身携带电话就好了"，便可能会在此基础上发明出手机。

③象征性类比：把概念的某个方面或品质与别的事物的某个方面或品质进行比较。例如项目与交响乐相似。

④亲身类比：创新者对概念进行拟人化，将其想象成自己。例如"如果我是……我会是什么样子？"

隐喻即把概念当作身边熟悉的其他事物加以思考分析，并利用新的方式产生概念。隐喻并不是指字面意义上的隐喻，而是指"把手机比作钱包""把平板电脑比作便签本"这一类暗示性的比较。

类比是一种更为直接的比较。概念可以被看作在某些方面与另外某个物品类似的想法，例如把个人预算看成减肥管理。进行类比时，推理过程必须易于理解，类比关系要显而易见。而隐喻则要求一定程度的诠释，通过该方法形成的概念，最终将彻底推翻传统的思维模式。

（2）作用

使用隐喻类比法构建概念，可以更好地进行思维发散，有助于激发创造力。在所有的思维发散过程中，都可以运用本方法作为探索概念的起点。在自由讨论时使用该方法，还有助于团队成员思维高度集中、保持活力。

（3）操作步骤

①确定使用隐喻和类比的起点。

进行"价值假设"，给潜在"新产品"下初步定义。在"构建洞察"模式中生成的设计原则也可以作为起点。

②识别有意义的隐喻和类比。

参与者应根据设计原则（或提供创新机会的其他成果），利用类比或隐喻，使用能激发兴趣、令人振奋、意想不到的方式对想法进行构思。参与者应考虑希望创造的价值，寻找能揭示类似价值产生原理的例子。参与者可通过"……发挥作用的方式就像……""……看上去像……""……的作用原理就好像……"等简单有效的表述进行比较。例如，可尝试回答以下问题：便携电脑设备是否可以实现私人秘书的功能？汽车出租服务的作用原理是否可能与自行车出租系统相似？

③形成概念。

针对上一个步骤形成的各个隐喻和类比，围绕其引发的潜在创新机会形成概念。这些概念应以"怎么……"或"如果……那么……"等模式形成。通过进一步考虑在研究中所得出的洞察，还应对这些初始概念加以补充、完善。

④记录、讨论并完善概念。

记录生成的所有概念，并添加说明。同时与团队共享、讨论和评估，以进一步完善这些概念。

三、思维归纳的方法与工具

1. 亲和图

（1）概述

亲和图又称KJ法，为日本理学家、著名文化人类学家川喜田二郎在1964年所创，是指把收集到的大量事实、意见或构思等语言材料写在便签纸上，然后按照其亲和性（即有亲近感、所表述内容相似）归纳整理，捕捉研究中得出的简介、问题或要求，使问题明确起来，最终求得统一认识和工作协调，从而解决问题的一种方法（图2-19）。

（2）作用

在设计过程中，研究数据可能存储在人们头脑中的隐性知识里，也可能被淹没在访谈笔记中，因此设计小组很难综合分析观察结果。亲和图能帮助使用者从混沌的状态中采集语言资料，并将其整合，使不同见解的人统一思想，从而减少争论内耗，提高效率，产生新思想；也能帮助使用者看清问题本质，明确认识；还有利于在团体活动中收集到每个人的意见和看法，从而提高全员的参与意识。

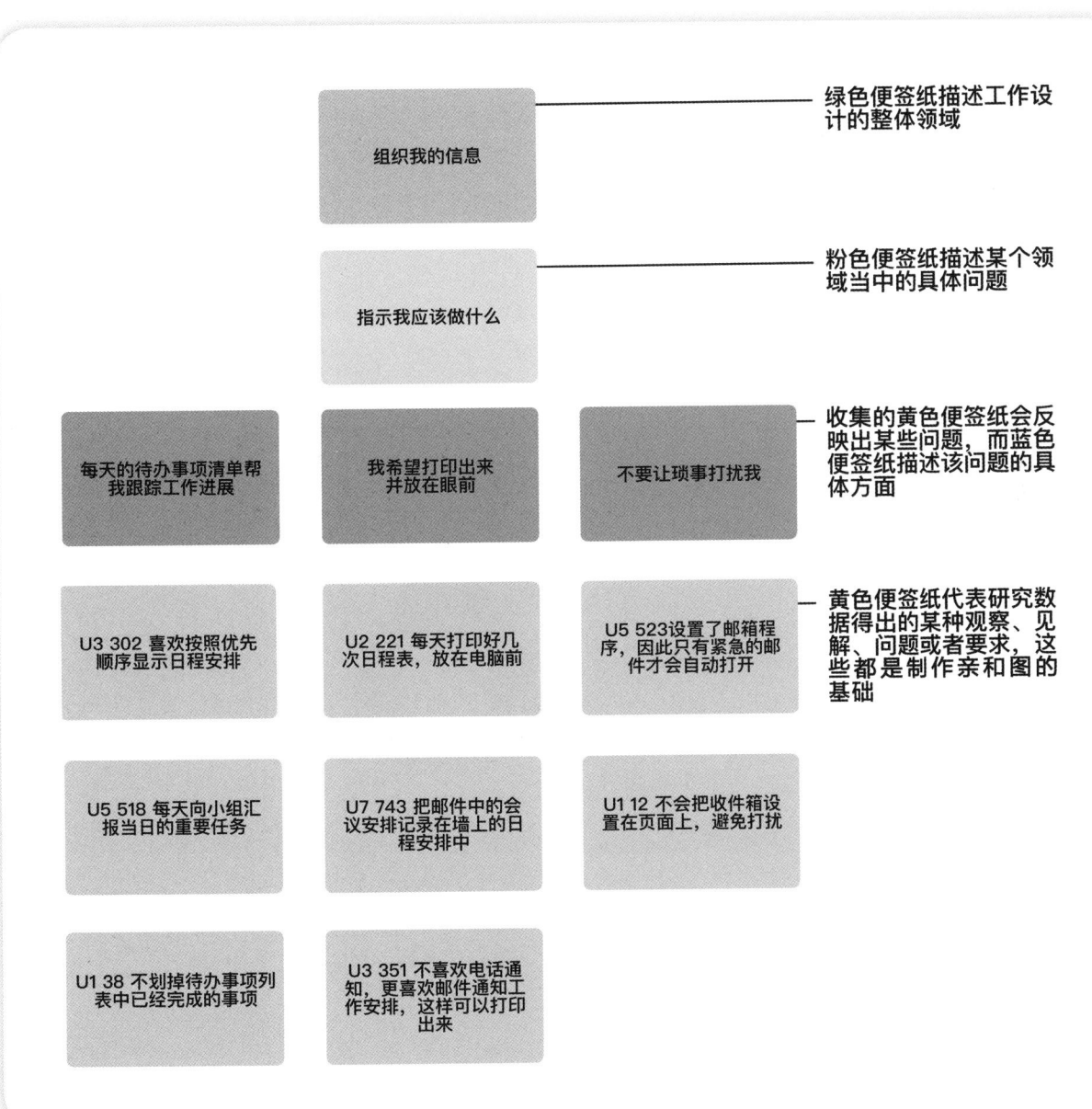

图2-19　亲和图举例1

（3）适用场景

亲和图适用于不易解决且需要花时间慢慢解决的问题，不适用于简单的以及要求速战速决的问题。

（4）操作步骤

亲和图是一种归纳性行为，即这项工作不是根据预定义的类别分组记录，而是从下往上分组记录：首先收集具体、微小的细节，将其分成几组，然后总结出普遍的、重要的主题。完成之后，亲和图不仅仅只是一种工具、一个方法，更是顾客和设计合作伙伴的参考意见的汇总（图2-20）。

它的具体操作步骤如下：

①明确目的及语言数据的来源。

②记录收集到的语言数据。

③将各语言数据抄写至卡片或者便签纸上，确认描述的准确性和简洁性，并删除相同内容的卡片。

④依照各语言数据的亲和性将卡片分组放置。

⑤将各组卡片所表达的关键词以简洁的文字表述出来，完成"亲和卡"。

⑥如各"亲和卡"间有亲和性，则可重复步骤⑤中的操作。最后将各个"亲和卡"里的内容汇总到一个主题卡中，并将主题卡放在最上面。

图2-20　亲和图举例2

图2-20所示的案例中，设计团队针对洗衣过程进行调研后，将收集到的数据进行了分类，最终汇聚出了产品功能、用户特征、外观信息、产品性能和情感体验等几个大的类别。

2. 用户旅程体验图

（1）概述

用户旅程体验图是将一个人完成某个特定的产品或者业务上的某个目标而需要经历的过程可视化出来的产出物。它描述了一段时间内，用户使用多渠道产品或服务时的行为、感受、看法和心理活动（包括正面、负面和中性的时刻），是从用户的视角描述用户标志性的体验。为了达到理想的效果，用户旅程体验图通常与角色分析和情境记录一起进行，或紧随这两种方法之后创建。

用户旅程体验图有两个特征：一是将用户的体验流程通过故事的形式描述出来，二是将相关信息用视觉化的方式呈现出来。这两个特征让用户体验历程图能够帮助设计人员更加高效、简洁地传递信息，同时也让信息便于团队共享和记忆。

（2）作用

用户旅程体验图可以查明造成用户痛苦或喜悦的特定的用户旅程接触点，进而引出机会点。

设计人员运用用户旅程体验图记录人们经历的一系列事件、互动过程，并将组织机构的重点从以系统为中心的操作目的转向为现实生活中使用产品和服务的场景。该方法可以帮助设计小组确定用户在什么时候会对产品产生强烈的情绪反应，在哪些环节需要改进或重新设计。

用户旅程体验图研究哪些互动能达到最佳效果、哪些互动是微不足道的、哪些互动是完全失败的，这能够帮助设计小组共同探索，有效地改进实际使用情景中的现有用户行为。

（3）操作步骤

用户旅程体验图往往由用户角色和用户旅程组成。在使用时，首先需要确定用户角色并收集一系列用户目标及用户行为，其次需要按照时间线绘制用户的实际体验、相关接触点、用户期望等，最终形成一张可视化图（图2-21）。

它的具体操作步骤如下：

①选定视角，即选择用户旅程体验图从"谁"的角度出发。

②为用户旅程体验图设定场景和目标。这个场景应该是具体的，但也可以是现实中已经存在的，抑或是未来可能出现的场景。同时，还应明确被选定的角色的用户目标。

③描述行为、想法和感受，对用户的行为、思想、感受进行定性研究。

④展现接触点和渠道。

3. C-box图

（1）概述

C-box是一种归纳评估大量设计概念的2×2矩阵图。C-box确定两个代表标准的坐标轴，并根据该标准对设计概念进行评估。在该方法中，通常使用"创新性"（对用户而言）和"可行性"作为标准。C-box基于这些轴具有四个象限，可将所有被评估的设计概念按"创新性"和"可行性"的高低程度排布在一个坐标系中。通过这四个象限，可以全面展示所有的创意。

这种方法可以看作早期思考的一个集群活动。当然，标准是由个人决定的，也就是说，各个研究团队可以根据自己的需求更改轴的定义，比如将"装饰性"和"功能性"设置成坐标轴。

图2-21 用户旅程体验图

图2-21所示案例是设计团队根据对办公空间用户行为进行调研后整理的用户旅程体验图，记录了用户从抵达办公室到离开全过程的关键行为和情绪体验，并进行了相关痛点和机会点的分析。

（2）适用场景及作用

C-box常用于概念创意的早期阶段，尤其在头脑风暴研讨会中使用。当获得了大量甚至过多的创意（40个以上）时，C-box图表的制作可以给开发团队带来展开所有概念创意讨论的机会，从而加强团队对解决方案的理解。同时也能使所有组员就设计流程的主要方向达成共识，如挑选出最具有开发前景的创意进行深入设计，摒弃那些最没创意且不可行的设计，从而方便后续工作的顺利开展。

（3）操作步骤

使用C-box时，首先确定创意（40~60个），然后设定横纵坐标轴、确定评估的两个标准。之后将所有的创意想法标注在所对应的坐标位置上，并进行分类。基本上所有的概念、创意将会在坐标系的四个象限中被区分开来（图2-22）。

它的具体操作步骤如下：

①在一张大纸上绘制一个坐标系，形成一个2×2的矩阵。

②确定X轴与Y轴的内容。以可行性与创新性举例：X轴代表可行性，左端代表可以立即实现的创意，右端代表不可行的创意；Y轴代表创新性，下端代表创新性不高的创意，上端代表令人耳目一新的创意。

③将所有创意写在或者画在纸上，可以先在便利贴或者A5大小的纸上进行，然后再将便利贴或者A5纸贴上。

④所有组员参与到创意的讨论中，对照坐标轴所示的参数，将所有创意粘贴到C-box的对应位置上。

⑤选定一个最符合设计要求的象限。

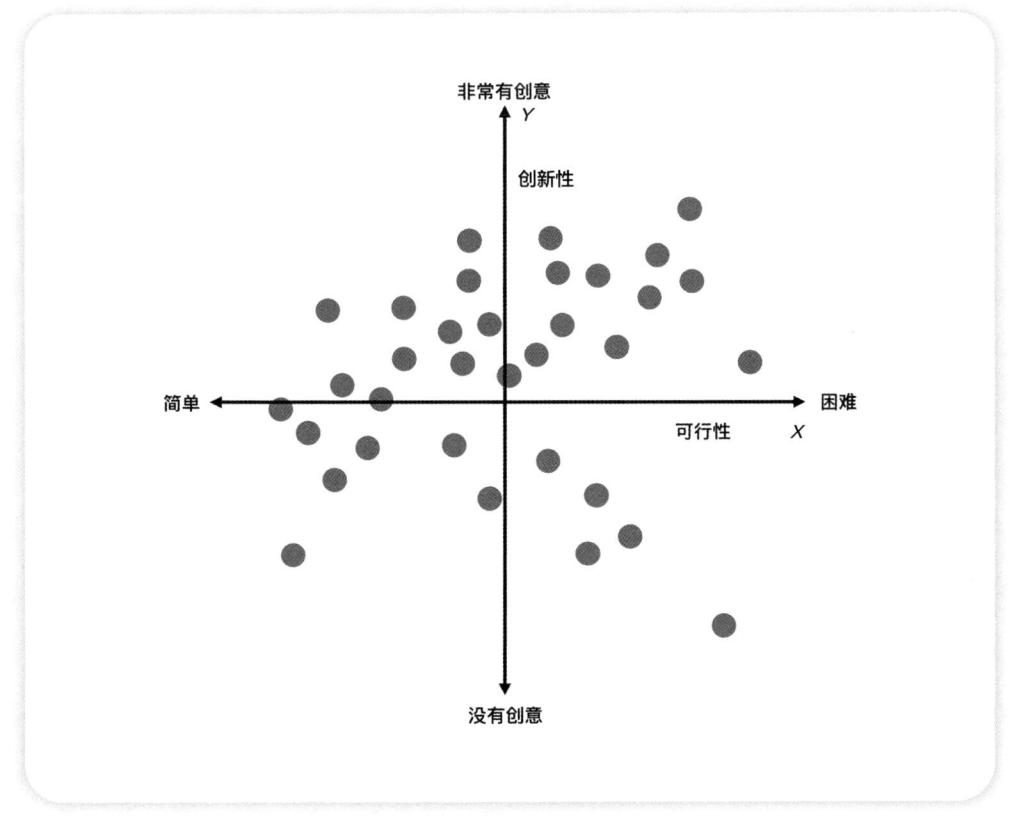

图2-22　C-box象限分布图

四、协同设计的工具

前文有提到协同设计的工具按照设计的过程分为三种类型：探测类工具、生成式工具、原型类工具。此处，我们针对三种类型的工具进行更为详细的介绍。

1. 探测类工具

（1）概述

探测类工具是一种深度挖掘用户生活体验、情感态度和潜在需求的设计工具。它超越了传统的数据收集方法，如问卷调查或访谈，通过设定一系列情境化、创造性的任务，鼓励用户以多种方式（如摄影、绘画、日记记录等）表达自身经验和感受，从而揭示用户深层次的、非结构化的生活细节和情感状态。

（2）作用

通过多样化的任务和媒介，设计师收集用户在日常生活中的真实情境、体验和感受等，帮助设计师发现用户未明确表达的需求，或者帮助用户对日常细节进行留意。通过这样的形式，不仅增强了用户的参与感，使设计过程更加民主化和人性化，确保设计成果更加贴近用户的实际需求，深入挖掘用户的情感状态和情感体验，为设计提供丰富的情感维度；而且会在后期的设计活动中激发用户的创造力和表达欲。通常而言，探测类工具往往应用在协同设计的前期。

（3）操作步骤

第一，设计师需明确研究目的、目标用户群体及研究背景，以确保探针设计的针对性和有效性。第二，根据研究目标，设计一系列多样化的任务和媒介，如要求用户拍摄特定场景的照片、记录一天的饮食等。这些任务应旨在挖掘用户的日常真实情境，促进用户对相关情境的留意与反思。第三，向参与者解释探针任务的目的、要求及操作流程，确保每位参与者都能准确理解并积极参与。第四，在约定的时间内，让参与者按照任务要求进行实践，并收集其产生的数据（如照片、日记、绘画等）及反馈意见。第五，设计师需保持与参与者的沟通，及时解答疑问，鼓励其深入探索与表达。第六，对收集到的数据进行整理、分类与分析，结合参与者的反馈意见，深入挖掘用户的行为模式、情感体验及潜在需求等。另外，可以选择具有代表性的用户作为参与者，进行后续的协同设计工作坊。

如克拉布特里（Crabtree）等在关于城市交通流动性的研究中采用了探测类的工具（图2-23）。参与者通过摄影记录自己在城市中的出行体验和感受，从而帮助设计者了解城市中的出行痛点和用户

探针包内容包括：
1. 一套寄给研究人员的明信片，供居民写下他们日常关心的事情、兴趣和想法。
2. 当地地图——提供一些地理常规的感觉，以及居民感到不安全的地区。
3. 宝丽来相机——用来拍下他们的房间、朋友和访客，以及对他们来说重要的东西——然后他们可以把这些照片放进相册，并用便利贴做注解。
4. 一次性相机——为研究人员拍摄更多的照片，为随后的讨论和采访提供兴趣焦点。
5. 一本相册。
6. 声控录音机——供居民记录他们的活动和想法。
7. 访客登记簿——提供一些活动和访问的记录。
8. 剪贴簿、便利贴、钢笔、铅笔和蜡笔——让居民可以画出他们的房屋及其布局的图表，并以图画的形式展示想法。
9. 个人日记——记录参与者的日常活动。

图2-23　城市交通流动性研究中的探测类工具包展示（案例说明）

图2-24 20~30岁温哥华人的饮食习惯和观念研究中探测类工具包展示

需求。凯瑟琳·勒格罗丝（Catherine Legros）与一个多学科团队一起设计了一套探测类工具包（图2-24），以进一步了解20~30岁温哥华人的饮食习惯和观念。

2. 生成式工具

（1）概述

生成式工具是一种重要的协同设计工具，它提供了一种非设计师（即潜在用户或利益相关者）能够直接参与并影响设计过程的语言和平台。这些工具旨在通过多样化的形式（如启发性卡片、模型、游戏、指导方法等）促进视觉化表达和直接沟通，从而激发参与者的想象力和创造力，让他们能够想象并表达对未来生活、工作和娱乐的愿景。

（2）作用

生成式工具在设计过程中扮演着多重角色。首先，它极大地增强了设计的参与性和民主性，使非设计师能够在设计初期就参与进来，提出自己的见解、创意。其次，生成式工具可以帮助非设计师进行创意构想和表达。这些工具通过激发参与者的想象力和创造力，为设计注入了新的思路和灵感。它鼓励非设计师以不同的视角审视问题，提出新颖的解决方案。此外，生成式工具还促进了设计团队与其他利益相关者之间的有效沟通与合作，通过共享的语言和平台，使得各方能够更好地理解彼此的需求和期望。

（3）操作步骤

首先，设计团队需要明确设计项目的目标以及目标受众。这有助于确定生成式工具的具体内容和形式，以实现项目的目标。其次，根据目标和受众的特点，设计团队会选择或者创作合适的工具形式（如激活卡片、表达模型、创意游戏等），并制定相应的使用指南和活动流程。这些工具旨在激活参与者对过去的记忆、对未来的想象（参见本教材第一章中协同设计理论部分），并引导他们表达自己的想法。最后，在确定了工具内容后，设计团队会组织协同设计工作坊活动，邀请目标受众参与。在活动中，参与者会使用生成式工具进行激活、想象、表达（图2-25）。

1. 记忆的工具：你工作日的晚上是什么样的？
2. 思考的工具：你期望你的工作在未来发生怎样的变化？
3. 映射的工具：创建一个宠物商店，满足你作为狗（猫、马等）主人的需求。
4. 展望的工具：你未来的工作环境会是什么样子？
5. 感受的工具：用图片和文字来展示你过去与健康相关的经历。
6. 讲故事的工具：给我们讲一个你在家里用消费品生活的故事。
7. 做梦的工具：用形状和贴纸为你的理想的家居体验创造空间。

图2-25　生成式工具举例

3. 原型类工具

（1）概述

原型设计工具在协同设计中往往在设计创意之后使用。原型类工具通过快速创建和演示可视化的产品或服务原型，帮助设计团队与利益相关者进行有效互动和反馈。原型不仅是概念验证的工具，更是设计过程中逐步迭代和完善解决方案的重要手段。原型是表示设计对象的可视语言，既是一种设计思维模式，又是设计过程中的一个阶段或结果。"原型"常与"模型"这个词交替使用，通常被认为是在实际项目完成之前，所构建的以表示"产品"或体验的任何事物，原型的表现方式有多种形式，可以是二维或三维，手工制作或机器制造，大尺寸或小尺寸等。

（2）作用

原型类工具在设计过程中的作用是多方面的。首先，它们作为概念验证的桥梁，使设计团队能够在早期迅速检验多个设计概念的可行性，及时识别并修正潜在的设计问题，避免资源浪费在不可行的方案上。随着设计的深入，高保真原型的引入更是模拟了最终产品或服务的使用场景，让团队能够在用户实际接触之前，预先发现并解决功能等方面的不足，从而提升用户使用的流畅度与满意度。此外，原型还充当了设计团队与利益相关者之间有效沟通的媒介，通过直观的展示与交互，促进了双方的理解与共识，加速了设计决策的形成与落地。

（3）操作步骤

第一，设计团队需要清晰地界定设计目标，并深入理解利益相关者的需求与期望。这一步骤是后续工作的基础，确保了原型设计的方向性与针对性。第二，基于目标与需求，设计团队开始构思设计概念，并通过草图、线框图等形式初步呈现设计思路。第三，设计团队根据草图或线框图，利用原型设计工具（如Sketch、Figma、Adobe XD等）或手工材料，制作原型。原型的表现形式根据设计阶段与需求的不同而有所变化，从低保真到高保真（图2-26），逐步逼近最终产品的形态。设计团队可以邀请目标用户或利益相关者进行测试，观察他们的使用行为，收集反馈意见。这一过程是设计迭代的关键环节，通过用户反馈，团队能够发现设计中的不足，并据此进行优化。

图2-26　低保真与高保真原型

高保真界面

设备
监测
我的
首页

（b）

图2-26 低保真与高保真原型（续）

图2-26 低保真原型（a）适用于一些早期的用户测试，帮助团队在早期阶段收集关于基本功能和布局的用户反馈。高保真原型（b）为利益相关者、客户和潜在投资者提供了一个逼真的产品预览，有助于推广和获取支持。

? 练习题 ———— **关于文化生态可持续的奇思妙想**

假设你所在的城市计划改造一个乡村区域，需要设计一个集生态保护、文化传承与社区服务为一体的未来智慧乡村。请综合运用本节的思维方法进行创意发散，并记录发散过程：

1. 比如将智慧路灯分别与生态保护、文化传承、社区服务进行双关联想；
2. 将自然界中的系统与社区服务系统进行类比等。

⌘ 思政要点 ———— 本题通过具体情境中的创新实践练习，引导学生掌握创意思维工具，同时培养科技服务于民生的社会责任意识。通过练习，加强同学对生态文明建设的时代意义的理解，培养促进优秀传统文化创新发展的意识。

第四节 评估决策工具

评估决策是产品开发过程中的关键环节，它贯穿整个设计流程，帮助设计师和团队作出决策，优化设计方案，并最终创造出满足用户需求和市场期望的产品。评估决策工具是一系列结构化的方法和技术，用于系统性地分析、比较和评价设计概念或成熟方案。这些工具为设计过程提供了客观的评估标准，促进了团队沟通，并有助于识别潜在问题和机会。

在产品设计的不同阶段，评估的重点和方法会有所不同。因此，我们可以将评估决策工具大致分为两类：设计前期（概念设计）阶段工具和设计后期阶段工具。前期工具主要关注创意的筛选和概念的优化，而后期工具则着重于成熟方案的细化和验证。

在设计的前期评估，其目的主要是筛选和优化初步的创意，并确定最具潜力的设计方向，以便投入更多资源进行进一步设计。而通过早期评估决策，可以避免在不可行或不切实际的方案上投入过多资源，同时可以帮助团队快速聚焦有前景的设计方向，提高设计效率，并激发更多创新思维和创意。

在设计的后期评估，其目的则是评估成熟设计方案的可行性与效果，验证产品是否符合设计标准及用户需求。其意义主要体现在三个方面：第一，通过用户数据支持设计决策，确保产品满足用户期望；第二，在产品发布前发现并修正问题，可以降低市场风险；第三，指导设计细节的完善，确保设计方案满足所有的指标。

除了目的和意义存在区别之外，设计前期和后期评估决策侧重的维度和标准也不一样，对应的评估决策工具的维度和标准也不一样。在设计前期使用的评估决策工具中，共性的维度有创新性、可行性、优势和局限性、独特性、市场价值和生态成本等。而在设计后期阶段使用的评估决策工具则更倾向于功能性、用户体验、情感反应、技术可行性、生产成本和市场竞争力等。

一、设计前期评估决策工具

1. 逐条反馈和PMI

（1）概述

逐条反馈法结合PMI（Plus-Minus-Interesting，正面-负面-兴趣点）分析工具，适用于从数量有限的想法中筛选创意。该方法能够快速、直观地评估早期设计创意，帮助设计师梳理和理解各种创意的优缺点。

（2）作用

通过列出每个创意的正面和负面特征，设计师可以更全面地分析创意的可行性，并且帮助设计师识别并强化有潜力的创意，同时改善不理想的创意，从而进一步理解设计方案的可行空间，寻找有价值的设计方向，推动下一轮的概念创新。

（3）操作步骤

第一，对每个创意分别列出其正面特征、负面特征和兴趣点。

第二，强化优势、改善劣势。在这一步骤中，对正面特征进行分析，找出可以进一步发展的优势。同时分析负面特征，制定改进措施。

第三，设计师在评估过程中需要谨慎决策，全面了解所有可能的创意，避免草率决定哪些创意应被摒弃。

2. vALUe

（1）概述

vALUe是一种用于评估设计创意的工具，其名称中的三个大写字母分别代表优势（Advantage）、局限性（Limitation）和独特因素（Unique Elements）。该方法主要应用于头脑风暴阶段，能够帮助设计师从众多初始创意中筛选出更有前景的想法。

（2）作用

使用vALUe可以从50个或更多的初始创意中筛选出5～9个较有前景的概念或概念组，使设计师能够清晰区分"好"创意（有趣或有前景的）与"坏"创意，并能帮助设计师更深入地理解和探索解决问题的空间，为设计决策提供有价值的方向。

（3）操作步骤

第一，发散思维。设计师需提出大量初始的创意或解决方案。

第二，列出特征。详细列出每个创意的优势，识别该创意的局限性，确定该创意的独特因素。

第三，筛选创意。设计师可以利用这些通用术语便捷地筛选出所需的创意，推动设计流程的进一步发展。

3. EVR决策表

（1）概述

EVR（Eco Cost-Value Ratio）指生态成本价值指数，EVR决策表用于根据生态成本和预期市场价值，帮助设计师选择最具可持续发展前景的设计概念。它特别适用于设计概念开发的模糊阶段，尤其是在材料选择时，能够快速促进团队讨论并选择最具开发前景的设计。

（2）作用

该方法可以帮助设计师识别高价值、低生态负担的产品。在设计初期，尤其是材料选择阶段，可以快速讨论并选择出最具潜力的设计概念。所有团队成员均可参与价值评估，促进集体决策。

（3）操作步骤

第一，定义坐标轴。Y轴：表示生态负担，包括生态成本、产品碳排放等。X轴：表示价值，即用户的支付意愿（WTP, Willingness to Pay）。

第二，构建图表。创建包含四个象限的图表，中心位置标注参考产品（如竞争对手的上市产品）。

第三，评估设计概念。所有团队成员根据生态负担和市场价值对设计概念进行定位，且生态负担的评估应结合主观直觉和经验。

第四，市场对照。进行初步、快速的市场测评，分析现有产品的材料使用、加工过程及可循环利用程度。

4. 目标权重法

（1）概述

目标权重法用于评估不同的设计概念，并选出一个适合进一步细化发展的最佳方案。该方法通过为不同的设计标准赋予权重系数，结合对每个标准的评分，最终得出一个综合得分，以此选择最佳设计方案。

（2）作用

该方法根据多个设计标准对不同的设计概念进行综合评估。优先级评估允许设计师根据设计标准的重要程度进行灵活调整，提升评估的可信度，进而通过量化的方式帮助团队作出清晰的设计选择。

（3）操作步骤

第一，确定设计标准。列出需要评估的设计标准（如成本、外观、功能等）。

第二，为每个设计标准赋予权重系数，权重可分为1~5的等级，或设定总分为100分，按比例分配。

第三，根据设计要求的完成程度，分别对每个设计概念进行评分，评分可使用1~10的梯度。

第四，计算每个设计概念的总分。总分=权重系数×设计要求评分。

第五，根据总分高低，选择得分最高的设计概念作为最佳方案。

例如，在决策评估装订书册的三个方案中，可以选择目标权重法，先对评估每一项的维度进行赋值，再根据不同方案的对应维度进行打分，最后得出所有项的合计，从而确定最佳方案和次佳方案（图2-27）。

图2-27　决策评估装订书册的三个方案

二、设计后期评估决策工具

1. PrEmo

（1）概述

产品情感测量工具（PrEmo）是一种无需进行口头表达，而利用自我报告的形式测量用户对产品的情感反应的测量工具。

该方法可通过在线平台"PrEmo"进行使用。

这种方法适用于在设计的各个阶段尤其是后期阶段评估已有产品或新的设计概念的情感反应。用户可以选择动漫表情来表达他们的情感反应。PrEmo可以测量12种情感：6种积极反应和6种消极反应。最终的成果为一份具体的情感报告。

（2）作用

该方法在多种文化背景下有效使用，确保测量的普遍适用性。将情感反应转化为定量数据，便于分析和比较不同产品或设计概念。它能准确测量用户对产品、包装或其他刺激物的情感反应。通过提供具体的情感报告，可以帮助团队做出更有根据的设计和营销决策,从而改进产品设计,提升用户满意度。

(3)操作步骤

第一,实验设计。通过在线平台创建情感测量实验,上传待测物(文字或图片),选择要测量的情感(12种情感),确定实验语言并撰写实验报告和操作指南。

第二,实验实施。进行实验测试,收集参与者的情感反应;将测试链接发送给参与者以收集数据。

第三,数据分析。分析收集到的定量数据,生成情感报告;根据报告结果进行产品或设计的优化。

2. Heatmaps热图测试

(1)概述

热图是一种可视化工具,用于展示用户在网页或应用界面上的互动行为。通过不同颜色的区域,热图能够直观显示用户关注的部分与被忽略的区域,帮助设计师和产品团队更好地理解用户的需求与行为。

(2)作用

热图测试可以帮助设计师和产品团队深入分析用户行为,识别哪些界面元素最具吸引力和哪些内容被忽视,从而优化设计以提升用户体验。同时,它为A/B测试提供了数据支持,帮助选择更有效的设计方案,确保界面布局更符合用户的注意力分布和使用习惯。

(3)操作步骤

第一,选择热图类型。

点击热图。显示用户点击的频率和位置,了解哪些元素最受欢迎。

滚动热图。展示用户在页面上的滚动行为,显示用户停留的区域。

移动热图。追踪鼠标的移动轨迹,反映用户的注意力分布。

第二,实施热图测试,在目标网页或应用上部署热图工具,收集用户互动数据。

第三,分析生成的热图,识别用户关注的热点和冷点,编写分析报告。最后根据热图测试结果调整设计,优化用户体验。

整合创新设计的工具卡片集

用户访谈 设计研究数据收集的方法与工具 →

AEIOU 设计研究数据收集的方法与工具 →

参与式观察法 设计研究数据收集的方法与工具 →

行为地图 设计研究数据收集的方法与工具 →

影形法 设计研究数据收集的方法与工具 →

眼动追踪法 设计研究数据收集的方法与工具 →

脉络访查法 设计研究数据收集的方法与工具 →

隐蔽式观察法 设计研究数据收集的方法与工具 →

文化探测 设计研究数据收集的方法与工具

设计工作坊 设计研究数据收集的方法与工具

拼贴 设计研究数据收集的方法与工具

情书与分手信 设计研究数据收集的方法与工具

情书与分手信

请对自己喜欢的久坐后的放松方式或者辅助产品写一封**情书**。

或者

对你认为不喜欢的产品或舒缓方式写一封**分手信**。

BTU综合分析 数据分析工具

数据洞察分析 数据分析工具

商业模式分析 数据分析工具

奔驰法 思维发散的方法与工具

替代（Substitute）	概念中哪些部分可以被替代从而得到改进？哪些材料或资源可以替换？哪些产品或流程的使用也可以达到同样结果？
合并（Combine）	改进概念可以结合哪些元素？是否可以将该产品与其他产品结合？是否可以结合不同的设计目的？
改造（Adapt）	是否可以调整概念中的一些元素？如何调整产品以适应其他设计目的？还有什么相似产品可以进行调整？
调整（Modify）	如何修改你的概念来进行改进？是否可以改变颜色、尺寸、声音、材质等产品特质？
改变用途（Put to other uses）	该概念如何应用于其他用途？是否可以用于其他场合或行业？不同情境下该产品行为方式是否改变？
去除（Eliminate）	概念中哪些方面可以去除？现有概念是否可以简化？可以省略创意的哪些特征、部件或规范？
反向（Reverse）	如果是完全相反的概念会如何？如果产品使用顺序被改变呢？是否可以生产一个完全相反的设计？

← 首页 与方法的设计问卷 生成工具

← 首页 与方法的设计问卷 地图法

← 首页 与方法的设计问卷 用户旅程体验图

← 首页 （以概念花瓣图为例）关系联结法

← 首页 与方法的设计问卷 类比隐喻法

← 首页 与方法的设计问卷 留言组合图

← 首页 与方法的设计问卷 头脑风暴法

设计后期阶段的转化决策工具 原型测试

设计中期阶段的转化决策工具 目标权重法

设计后期阶段的转化决策工具 PreMo

设计中期阶段的转化决策工具 VALUe

设计中期阶段的转化决策工具 EVR决策系

设计中期阶段的转化决策工具 C-box

设计中期阶段的转化决策工具 搜索匹配法和PMI

工具卡库

扫码获取更多设计工具

第三章
整合创新设计的流程

本章简介

设计流程在实践中往往是充满变化的,为了帮助同学们更好地了解和掌握设计流程,本章将首先介绍几种常见的、简化的线性设计流程模型。同时为了帮助同学们形成对整合创新设计流程的理解,还将介绍实践中会出现的一些非线性的流程图。

第一节 线性设计流程

一、IDEO设计流程

IDEO是一家设计公司。为了方便没有设计基础的人也可以参与到设计过程中,IDEO提炼出了一种设计思维流程。在这个流程中,包含了用户研究、定义问题、形成概念、制作原型、测试五个阶段(图3-1)。

图3-1 IDEO设计流程

1. 用户研究

无论哪种产品，其设计开发流程往往由了解用户开始，只有专注聆听用户的故事和个人体验，悉心观察用户的行为，才能揭示他们隐藏的需求和渴望，并以此为灵感踏上设计之旅。这样的思维方式同样适用于产品之外领域的创新，无论是服务、界面、体验、空间还是企业转型。在这样的设计思维的引导下，设计师需要始终将用户放在首位，设计师们深入理解用户的感受，探索他们的潜在需求是创新的关键所在。

抱有同理心非常重要，人们不希望设计只是从设计师的角度去创新，而是希望站在用户的立场上，切实体会他们经历的事情、知晓他们会做出的行为，从而更好地启发设计。

每个人都有不同的生活经历，不应该让设计师替用户做决定，而应鼓励设计师去体验用户所经历的。这样的行为是发掘设计灵感的好方法。拥抱同理心并不只是去问问用户他们需要什么，而是要观察用户的行为，或者站在用户的立场上，与用户一起去体验他们所实际在做的一些事情，从而挖掘出用户更深层次的需求。

2. 定义问题

经过上一阶段对用户行为的观察后，如何将散落的点串联起来？如何从用户身上获得更多洞察？这就需要具备归纳式与发散式的思维，也就是分析与综合的能力。分析能力能够将复杂问题分解开来，从而便于设计师对其有更深刻的了解。然而，创造过程依赖于综合能力，即把各个部分整合在一起而创造出完整想法的能力。

3. 形成概念

在形成概念阶段，要做到以下几点：以开放式态度迎接挑战，愿意接受新方案，对冒险宽容；保持乐观的心态，相信自己及团队能够创造出好的设计；善用头脑风暴，暂缓评论、异想天开；善用视觉思维，积累选项；由发散转向归纳阶段，巧用便利贴。

4. 制作原型

为了快速达到某个完美的设计目标，必须先放慢速度，即通过将想法制成模型的方法来避免出现代价惨重的错误，从而继续迭代前进。模型的制作不求精致，但求快速。对于不同的设计目标，模型的形式有很多种。

在服务创新设计中，模型可以是"角色扮演"的形式。设计团队可以身临其境地演示潜在的想法，以便改进，也可以利用网络进行虚拟模型制作，然后从消费者那里了解到相关的反馈。

对于产品创新设计而言，模型可以是具体化的产品和服务。这样可以更好地与消费者互动，从而获取灵感。对于任何一个设计公司来说，建模是设计基本且重要的环节。建模贯穿在整个设计项目的过程中，能够把实体的、具象的东西放在消费者面前，从而激发他们的感受，获取他们最切实的反馈意见。建模不只是做个模型来体现外观，还会考虑如何通过它实际的功能来跟消费者互动。

5. 测试

拥有好的想法只成功了一小半，还需要后续强劲的执行力。因此，需要鼓励用户参与测试，并且非常重视用户的体验设计。可以运用"观察—计划—执行—改进—交流"的方法，对产品的用户体验不断改进。

二、ViP设计流程

ViP（Vision in Product design）设计流程即 ViP 设计法则所对应的流程。ViP设计法则是以情境为驱动、以交互为中心的设计方法，它引导设计师关注产品与用户的关系，鼓励设计师放眼未来，帮助设计师设计出有价值、有意义、有灵魂的产品。

1. 基本原则

ViP设计法则是基于以下三项基本原则（也可称为出发点）提出的（图3-2）。

①设计师的职责是寻找未来的可能性以及可能的未来，而不是简单地解决眼前的问题。

②产品是实现或发展出交互（关系）的一种方式、一个媒介。人与产品的交互赋予产品意义，因此我们认为ViP设计法则是以交互为中心的设计方法。

③交互所处的情境，决定了设计师对一个交互是否有恰当的判断。这些情境可以是今天的，也可以是明天的，甚至可以是未来许多年后的。未来的情境可能催生新的交互关系和产品，因此ViP设计法则又是情境驱动的。

三层模型描绘了ViP设计法则看待产品及一切人造对象的独特视角。倒"U"形的左半边反映了目前的状态：此时世界的样子。从左半边底部往上到达模型顶端的过程称为解构阶段（或预习阶段）。在这个阶段，设计师将尝试理解人们熟悉的产品背后的设计理由：从习惯思考"是什么"变为思考"为什么"。

图3-2　ViP设计法则三层模型

ViP设计法则循序渐进地引导设计师合理预见未来世界，预见的内容包括声明、交互方式、产品特质。声明决定了理想的交互方式。然后预见转化为一系列的产品特征，使得这些产品特征可以被用户精准地感知、使用和体验，进而指导设计概念的发展。

2. 使用步骤

（1）解构阶段

在动手设计之前，需要参考已有的产品。对已有产品进行解构，或者说是预习、准备。解构是对已有产品进行分析，其重点在于思考为什么会有这样的设计。

解构时，首先，可以从产品层面描述已有产品。产品层面的描述包括产品的硬件特征（比如底端有卡扣，是金属材质的）和产品展现的内部特质（比如温暖、可爱、复杂、安全、友善、柔和、亲切、可靠等）。其次，产品展现的内部特质，不仅指它的使用方式、用途，也指它的喻义，比如它能唤起什么样的联想、它看起来有什么样的"个性"等。最后，产品使用的情境。

解构完成之后，便进入了设计阶段。整个设计阶段可以分为8个简单的步骤，这些步骤能够协助设计师完成从情境到交互、再到设计的过程。

（2）设计阶段

①定义设计范畴。为了评估运用ViP设计法则时的所见所思，首先需要定义一个设计范畴。所有ViP设计法则的流程必须从定义设计范畴开始，而这个设计范畴指的就是设计师希望有所贡献的领域或范围。

通常，设计范畴的定义应该尽可能宽泛，最好不要预设设计任务的目标用户，除非设计范畴内的用户群体有着明确的特征，比如婴儿推车的用户群只有家长，而家长便有着较为明确的特征。

在定义设计范畴的同时，还要考虑和估计设计期限。除了了解产品的上市期限外，还要考虑各种社会、科技、文化等方面的因素，这些因素都会影响设计时间的安排与计划。事实上，设计师进入下面第二步后，对设计期限的预估会变得更加明确。

②收集情境因素。定义情境从收集和制作因素开始，这里的因素包括我们的观察、想法、意见、理论、定律、信仰等。通常，因素是对看到现象的中立描述，它们不应包含道德上的评判，也不应涉及设计师个人价值观、世界观的立场。尽管如此，因素的选择还是可能在很大程度上受到设计师个人的影响。而对于这些影响，我们可以在情境定义好后，再决定如何回应它。

a. 因素的来源。因素的来源很广，既可能来自身边朋友的想法、同事和专家的意见，也可能来自报纸、网络、图书、电影、杂志等任何渠道。因素可以是大多数人承认的事实，也可以是极具争议的现象。因素并不直接说明最终产品是什么样子的或具备什么样的功能（在这个阶段，产品概念还没有形成），但它们都在不同程度上指向（可能的）解决方案。

b. 因素的选择。在众多因素之中，我们需要做出正确的选择。有些负面条件，我们可以看作是工艺要求或限制条件，而非因素。类似这样的限制条件还包括各种法律法规、现有生产条件、人体工学结论等。可以在设计之初就把这些限制条件列出来放在一边。

选择因素时，需要考虑以下几点：首先，因素必须与设计范畴相关。其次，我们选择的因素必须是自己认为有意思的，能让自己激动的，能让自己觉得自己正在尝试一些最前沿的东西。最后，是否保留某个因素，还要看它的原创性。

③构建情境。构建情境要实现连贯统一的结构，一般来说，令人满意的情境不仅能容纳多种多样的因素，还能展示出因素之间的联系。如果因素超过十个，首先需要考虑将因素分类。

a. 因素的分类。通常，可将因素分为普通类和新兴类。普通类是指向同一方向的因素，它们能共同形成一个大因素。新兴类是指看似不相关的因素，将这些因素放在一起后，能让一个全新的因素浮现出来，而且这些不相关的新因素无法从单个因素中推导出来。

有些因素和其他因素毫不相关，可以将其归为一个独立的类别或者选择放弃。虽然ViP设计法则没有明确要求划分多少个类别，但总的指导原则是通过分类减少因素的数量，同时又不能丢失因素的多样性和差异性。

b. 因素的组合方式。分类完成后，就可以开始探究分类（大因素）之间的联系。分类可能会指向同一方向，也可能会相互冲突，有些分类可能还会形成因果关系。像基本因素一样，大因素也可以进一步进行组合。常见的组合方式有维度和格局（故事线）两种（图3-3）。

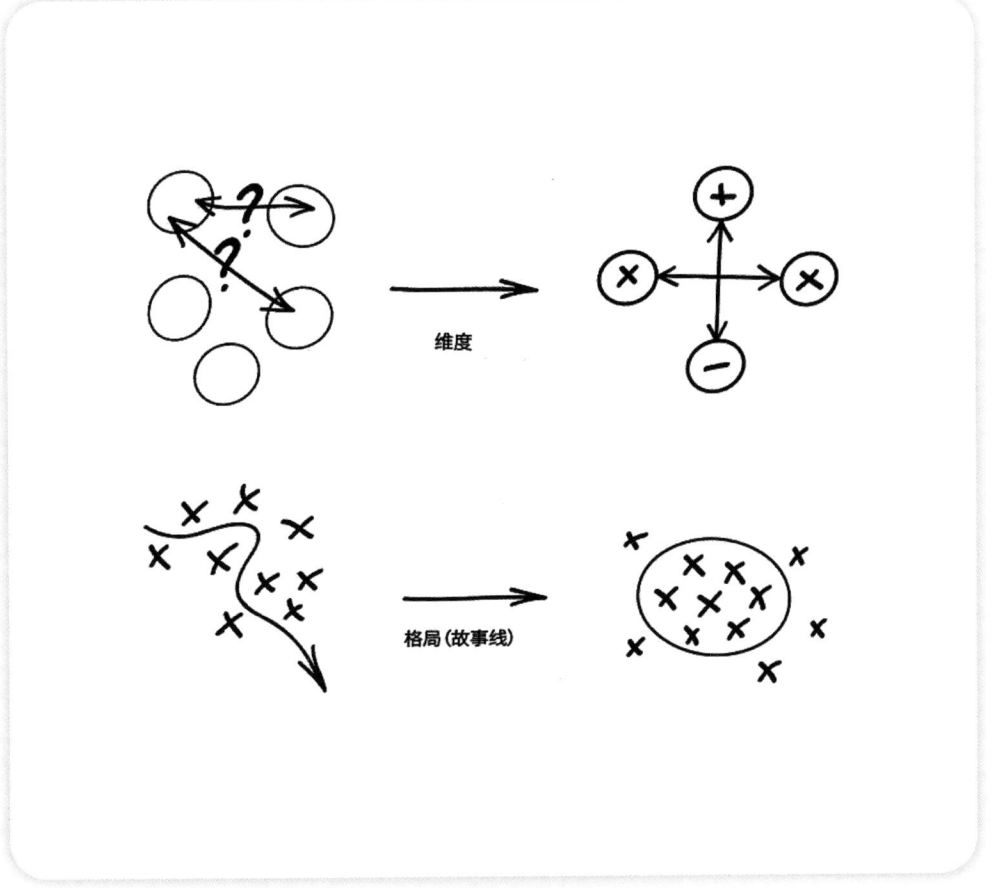

图3-3　维度与格局

如果某两个大因素之间存在冲突和对立，则可以将它们作为一个维度的两级，分别代表不同的未来方向。有时，也许需要两个以上的维度才能安置所有的大因素，但一般建议两个维度，因为这样更有利于展示。

从全局的角度看，大因素中也许会存在一些格局（故事线），它们将大因素连成一个故事。这些故事也许最终会形成主题，就像电影和歌曲那样，有一条贯穿的主旋律。

④定义声明。

a. 定义声明的原因。设计师在设计中会不可避免地加入自己的立场，很难做到完全客观中立。设计师个人的价值观、信仰、道德观念在很大程度上决定了做什么和不做什么。因此，为了使设计师明确自己的价值观和信仰、意识到自己为什么要选择某一立场、认识到该立场会对设计带来什么影响，应让其定义一个明确的声明。

b. 定义声明的形式。声明可以用这样的形式来呈现：我（设计师）或我们（公司）希望人们（通过A或者B）感受到（看到、表达、体验、了解、做到）X或Y。在收集、生成情境因素的过程里，我们已经做了很多个人的、体现自身立场的决定，比如保留哪些因素、对因素进行何种分类等。而定义声明是我们表明立场、表述态度的时刻。

c. 定义声明的要求。首先，声明应从情境出发。其次，声明应指出新机遇。即在未确定产品具体形态和功能的情况下，指出设计方向和最终目标。再次，声明要适度，不能太宽泛，也不能太具体。因此，声明可能往往需要反复修改，多加实践。最后，声明应是可以实现的，不应过于宏伟而无法实现。此外，声明应该能够激发我们设计出与其相符的方案。不过在设计出那样的方案之前，还需要一些步骤。

d. 定义声明的方法。要保证声明和声明的目标符合客户或公司的策略，最妥当的做法是让客户参与定义声明，使客户了解我们构建的情境，一起做出回应（图3-4）。

图3-4　根据家长的类型定义设计声明

⑤设计用户与产品的交互关系。

产品的意义只能从用户与产品的互动中产生，因此ViP设计法则的核心在于理解什么样的交互关系适合我们的情境，其设计的关键就是找到这种合适的交互方式。在这一步里，我们不需要考虑产品的最终形态，而需要想象用户与产品之间的关系，以此来感受这个产品、这个设计是否有意义，有什么样的意义。设计用户与产品的交互关系，而不是直接设计解决方案，这是为了防止结果只表面上满足声明的目标。

设计用户与产品的交互关系是ViP设计流程中最难的一步：选定一种交互方式，使之满足声明中提出的理想设计目标。交互方式是连接情境与产品的纽带，它将二者联系在一起，只有阐明交互方式，我们才能明白最终的设计如何与情境匹配。交互方式不仅体现了用户的关注点、需求、期望以及与之匹配的产品特质，也定义了产品的使用方式及使用体验，还展现了用户与产品的关系所体现出的价值和意义。

a. 交互方式的设计方法。沉浸直觉和寻找类比两种方法能够帮助设计师找到最有效和最有意义的交互方式。

沉浸直觉即设想自己沉浸在情境中，在保持情境与设计声明的一致性下，通过审视潜意识，靠直觉捕捉脑中的想法。交互的形式可以用文字、图像、电影、手绘等多种方式表达。首先，可以选定交互特质，比如"平静"的交互特质。为了满足声明的目标，可以进一步思考这是哪种形式的"平静"：是被迫的平静、感觉上的平静，还是思维的平静？如果这个特质不合理或者不能满足目标，就要尝试从其他方向来发掘理想的交互特质。

寻找类比即在其他领域寻找类似的情形。类比可以帮助我们从新鲜的视角定义交互方式。类比情形可以是人与产品（人造物品）之间的互动，也可以是人与人之间的互动。我们要寻找能够将无价值的、熟悉的、不便利的特质转化为有意义的、有特别价值的特质的情形。除了捕捉状态转化的特点外，同时也要注意适合做类比的情形应当是能产生持续的价值感的，因为这样才能保证声明的要求是从一种状态（感到无价值）转化为另一种状态（感到有价值）。

b. 交互方式的表达工具。一般来说，最常用的捕捉和表达交互方式的工具是语言。用语言定义交互方式往往像一场文字游戏。

在选定设计范畴后，我们可以从声明中提取交互特质，并将其作为产品与用户之间的关系。也就是说，我们可以通过确认合适的关系来确认合适的特质。如果对交互特质不够满意，可以试着做进一步的细化，比如增加一两个词语。最后，用来描述交互方式的特质也许不止一种，如果无法顾及所有元素，可以挑选一个最具概括性的特质（图3-5）。

在项目之初，我们可能就会出现一些当时无法用言语和画面清楚表达的感觉，通过回忆这些感觉，可以引导我们找到合适的交互方式。因此，优化交互关系的过程就像在反复地做实验和游戏。交互特质没有好坏之分，只要我们能够解释交互关系为什么能实现声明的目标即可。我们必须诚实地面对自己的声明。

对人们的需求、愿望、困惑、苦恼的观察，会带来一些见解。基于见解，我们可以对声明和交互关系进行定义。声明说明了产品会给人们带来什么，交互关系表示了如何实现，这两者间接地决定了产品的受众，因此也可以说用户是被设计目标和交互关系吸引而来的。而为了实现这样的交互关系，产品必须具备一系列的特质，如何定义这些特质正是下一步的主题（图3-6）。

图3-5 未来父母养育孩子的情境：想象产品交互方式与产品特质

图3-6 从预见的交互特质到产品特质的转化

⑥定义产品特质。

产品必须具有一定的特质，才能让用户以我们预想的方式体验或使用产品。因此，定义产品特质是连接交互关系与产品的重要一环。定义产品特质后，我们虽然还不清楚会设计出什么样的产品，但这会帮我们对产品进行定性，帮我们更好地理解产品（不涉及产品的具体特征和性能）。

a. 定义产品特质的原则。

为了使产品特质符合交互关系的要求，我们要从全局出发，通过考虑情境因素、情境结构、声明等来理解交互关系。这是第一原则。

产品特质还要保证交互关系的实现，这是第二原则。我们可以把交互关系想象成人与人之间的关系。也许你和伙伴的"交互特质"是包容的，这是因为你的伙伴有谅解、开放、通融的性格（特质），正因为具备了这样的特质，特定的交互关系才能实现。

b. 产品特质的分类。

产品特质分为两类：一类是产品自身的特性，另一类是产品的使用特性。

产品自身的特性，即产品的"性格"或给人的印象，比如开放、倔强、内疚等。这些词描述的是产品在整体上给人的印象和特点，而不是产品的具体物理属性。这些"性格"应由交互过程决定，吸引着用户与产品交互。寻找合适的产品特性，可以基于对交互过程的描述和再联想而确定。这里也可以使用类比的方法，将交互过程具体化为拥有同种关系的事物（比如如果交互关系是强势、不妥协的，可以类比市政管理部门与违章占地者之间的关系），从而帮助我们推理出恰当的产品特性，挖掘产品的潜在特性。

除了吸引用户与之交互外，产品还能暗示用户如何使用它，表现出自身的使用特性。产品的暗示与产品自身的特性有关。以"强势不妥协"的交互为例，如果产品自身的特性可以用权威、权力、势不可当形容，那么产品的使用特性也许可以用严格、不可动摇来形容。

这两种产品特性在产品的体验中是相互关联、共同发挥作用的，用户通常把它们作为一个整体来看待。如果产品之间存在太多冲突，用户也许会因此感到困惑。当然，这样的困惑也可以是设计的目标。

特别要注意的是，如果我们得出的产品特质和已有的产品特质一样，即使我们很认真地定义和选择产品特质，也会出现我们会无意中参考以前见过的产品的可能性。因此，我们要时刻注意做"原创性检查"，即如果描述的情境是原创的，交互过程也是原创的，那么产品特质也应该是原创的。

⑦概念设计。

接下来，我们需要借助某种方式把产品特质传达出来、转化为产品的物理特征，将产品特质转化为设计概念。

设计概念虽然还不是产品的最终呈现，但它决定了以下几个方面：产品如何发挥作用？它包含哪些主要的部件或元素？用户如何使用、携带、操作产品？产品具有哪些可感知的特性（声音、形状、颜色、味道、手感等）？以及这些元素最后是如何整合和组织在一起的？这些问题大多数能用物理方案解决，有时也能用非物理的方案解决，但是有些也许只能用特定的方案解决。解决方案必须贴合预见。

概念设计将定型特征转化为具备物理特征的对象，决定最终的解决方案是哪种形式，是实物产品还是服务、政策。

a. 概念的生成。

首先，要构想一个与预见相吻合的概念，这个概念决定了要设计哪种产品、产品能做什么。概念的形式并不固定，有时会从预见中自然地产生，有时会从大脑的潜意识中"灵光一现"，有时可能需要花很长时间去寻找与预见相匹配的概念。不过无论如何，我们都不应盲目，都应明确地向着一个或几个很可能有效的概念推进。我们在建立预见时，已经为生成和评估概念打下了坚实的基础，因此我们可以快速且准确地判断一个概念是否合适。

b. 概念的设计方法。

有许多方法可以帮助我们根据产品特质构思设计概念。首先，为了让概念的生成变得更容易，我们可以寻找具有相似交互特质和产品特质的活动或者食物做类比。如果类比与预见相匹配，就很容易将它背后的原理运用到我们的设计范畴中来。类比可以说是生成概念的便捷跳板，合适的概念往往会自然地浮现出来。如果这样做后，还是觉得生成概念有困难，不妨试着把目前掌握的内容都画出来，或者请人表演、展现出来，我们需要的概念很可能就在图中。画的时候，可将交互特质、产品使用者、使用者的体验状态及活动、基于情境的使用环境等都画出来，但唯独不包括概念本身。

除此之外，还有两种常见方法：一种是直接构思设计概念。直接构思要求设计师综合运用知识、感觉、直觉以及对设计范畴的理解来得到合适的概念。直接构思可以通过画草图、制作简单的产品原型，或者直接写下产品能够做些什么和怎么做来完成。构思时要牢记声明的目标，并检查设计概念是否能表达既定的交互特质和产品特质。如果达不到要求，就应调整设计。如果调整后仍不奏效，就需要考虑放弃这个设计，再尝试其他概念，直到找到所有产品特性都匹配预见的概念。

另一种方法是反其道而行之。在既定的设计范畴里，设计师首先考虑的是所有能够表现理想产品特质的特征，这些特征将决定采用哪些主要部件。此前，我们为了避免现实世界的各种限制条件影响概念的生成，一直将它们放在一边。而现在到了考虑这些现实条件的时候了。概念设计需要综合考虑预见驱动的特征和现实世界的限制条件，从而构思出协调且个性的产品。

c. 概念的检验。

概念设计的最后一步，还需要检验我们是否找到了合适的概念。可以通过思考以下问题来检验：这个概念能匹配预见中的所有元素吗？这个概念是用最少的设计特征完成了声明的目标吗？这个概念符合逻辑吗？它会被人们接受甚至喜爱吗？

我们还可以请其他人来帮忙做检验。但这种检验不一定容易，因为概念必须匹配情境，而情境往往处在未来，所以我们需要说服他人想象、营造、接受未来的情境，以保证做判断的人能够理解我们的预见和声明。

经过这两轮检验，我们就可以进入最后一步了。

⑧设计和细化。

这一步的目的是将设计概念转化为最终的设计方案，即将设计概念用最纯粹、完整的方式表达出来。一般来说，这一步需要我们用到所有的设计能力和制作能力。

这一步的关键任务是让转化的方案既明确又实用，因此此前不做考虑的限制条件都必须在细化过程中加以考虑。ViP设计法则有一个特别之处，即强调预见在设计和细化中的决定性作用。依据预见和概念制定设计决策时，可能出现额外的设计要求，这些要求也应该被作为限制条件来考虑。通常，随着项目的推进和深入，整个方案的复杂性和各种限制的联系会逐渐显现出来，所以限制列表会越来越长。

三、金字塔设计流程

金字塔设计流程分为四个阶段：发现阶段，包括机会发现和概念发散；设计阶段，包括概念定义和产品设计；发展阶段，包括机电开发和组件文档；部署阶段，包括试点部署和产品输出（图3-7）。

下面以一个真实的项目为例来解释金字塔设计流程。

1. 项目启动（指南）

项目启动后，所有相关人员聚集在一起，通过会议探讨的形式，列出设计指南清单，给出具体工作的相关信息，并且列出预期项目时间表。在该阶段，最终会确定主要联系人及联系方式，同时确定记录产品的具体要求。

输出可能包括：设计简介问卷/文件、计划会议、设计指南清单、BTU审核分析（业务/技术/用户）、问题清单（表3-1、图3-8）。

2. 数据收集（分析）

首先，要确定企业的战略目标、审查营销计划、产品目标（图3-9），确定成本目标和制约因素；其次，要确保技术成分、讨论知识产权目标、制造技术可以实现；最后，要对最终用户进行角色描述，确定用户信息，并评估相关竞争或相邻产品。

图3-7　金字塔设计流程

表3-1 设计指南清单

VuRyte - O Scapes：工作区组织项目						
问题清单					已完成 / 紧急待做 / 即将要做 / 需要的信息	
问题	组成	事件	负责人	截止日期	状态评价	颜色
001	战略目标/任务	创造一个新的桌面组织创新产品系统平台	TR	28-9	参见初始营销规范手册	
002		解决方案应当独立并且作为一个系统产出	TR	28-9	参见初始营销规范手册	
003	商业问题	目标零售价格？	TR	12-10	14.99~29.99美元	
004		谁是目标用户/消费者/环境？	TR	12-10	SOHO，公司办公区，小型企业	
005		产品将会在哪里/怎样出售？	TR	12-10	线上（直接出货），大卖场	
006		产品将会在哪里制造加工？	DB	19-10	美国，中国	
007		竞争者/竞品是谁？	TR	12-10	参见初始营销规范手册	
008		美国将会是唯一出售地吗？	TR	12-10	美国，欧洲（英国等）	
009		你定义过什么具体产品吗？	TR	12-10	参见初始营销规范手册	
010	技术问题	你的制造商的能力有什么？	TR	12-10	塑料-注塑成型/热成型	
011		你的制造商的能力有什么？	TR	12-10	金属板铝-冲压	
012		你的制造商的能力有什么？	DB	12-10	塑料/金属-制造	
013		哪些类型的材料可以被使用或加工？	DB	12-10	塑料，金属，铝	
014		每年的产量是多少？	DB	12-10	待定	
015		产品系统的生命周期是多少？	DB	12-10	待定	
016		任何电子设备都可以实现吗（液晶显示器/发光二极管）	DB	19-10	可能实现，但成本昂贵？	
017		零部件是否易于回收利用/可持续？	TR	12-10	是的	
018	用户问题	谁是最终目标用户？	AC	28-9	个人购买者	
019		这些将在什么环境下使用？	AC	28-9	SOHO，公司办公区，小型企业	
020		你有什么特殊的人口统计信息/目标吗？	TR	28-9	参见初始营销规范手册	
021	包装	产品如何包装（扁平包装盒装/翻盖装）？	TR/DB	19-10	待定	
022		你有必须遵守的企业品牌指导方针吗？	TR	12-10	没有	
023		产品上需要呈现一个logo或者品牌形象吗？	TR/AC	28-9	待定	

图3-8 BTU审核分析

图3-9 产品类别分析

输出可能包括：基于网络的研究、零售环境分析、品牌属性矩阵、竞争分析、样品或材料采购、趋势或生活方式的识别、用户画像（图3-10）。

3. 观察研究

潜入消费者的生活环境中，对该空间进行无声观察，并进行评估。评估时，采用"用户观察截取"的研究方法，目标是通过抽样调查实际照片的方法来获得定性结论，这些照片故事信息描述了实际用户环境中的场景。最后，结合研究结果来评估市场相关产品。输出可能包括：人体工程学研究（图3-11）、用户拦截、用户访谈、用户调查表。

4. 聚类分析

将收集到的数据集中梳理，形成框架后进行聚类分析，寻找设计可能的切入点，以供设计团队进行深入的"头脑风暴"活动。输出可能包括：分析沉浸式活动、场景开发、机会空间、用户档案、初步设想清单、团队头脑风暴（图3-12）、故事板、用户交互接触点、任务分析或规划、设计风格板或矩阵。

5. 创意草图

举行头脑风暴会议，以确定合适的机会空间，寻找潜在的想法。创意将在"缩略图"中产生，以捕捉各种意图、期望的功能或使用场景。在与客户共同审查后，对所提出的想法进行细化。根据客户的反馈，将新想法细化为场景图。输出可能包括：团队头脑风暴图、白板构思、创意缩略图（图3-13、图3-14）。

图3-10 用户画像

图3-11 人体工程学研究

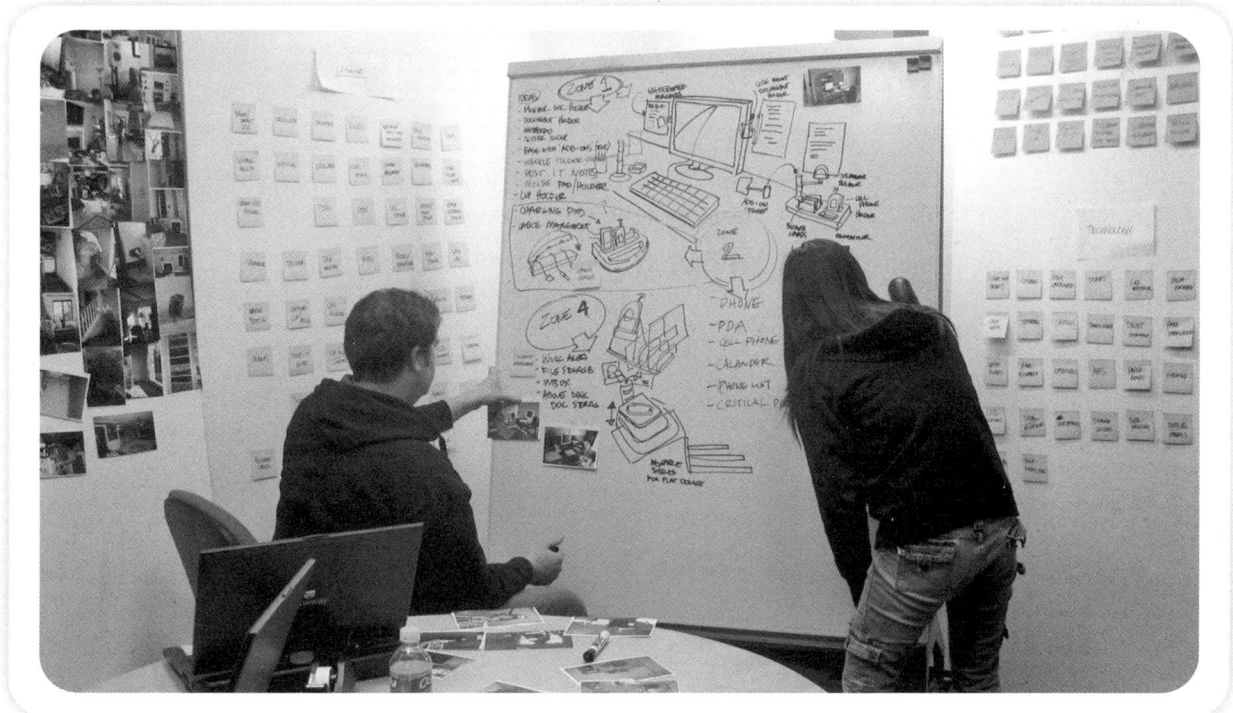

图3-12 头脑风暴活动

6. 可行性测试

研究团队带着草图，开始在各种使用环境中对潜在用户进行访谈，用"受访者可行性测试"的研究策略来验证创意的受欢迎程度（图3-15）。统计收集照片和投票信息，以充分了解最终用户对创意的真正接受程度。输出可能包括：受访者评估、功能验证、用户调查。

7. 概念设计

整合针对不同设计部件的概念发散，生成最终概念方案，同时制作效果图来描述概念方案的具体特征。输出可能包括：概念转换草图、概念细化草图（图3-16）。

图3-13　创意草图

图3-14　初步物理模型

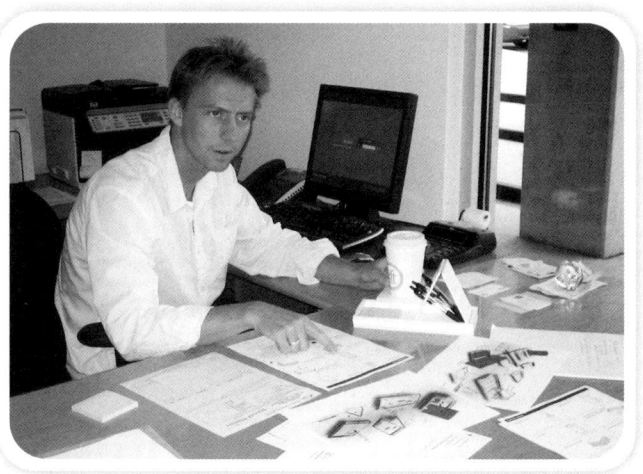

图3-15　可行性测试

8. 基本功能模型

随着概念方案的出现,通过解决使产品能够运行的组件和部件,进一步评估问题和要求。运用虚拟建模软件或制作实际比例模型来确定所有部件及其排布管理方式。这个模型将展示新的产品方向。

输出可能包括:基本产品架构、组件识别、组成部分安排、总体尺寸/比例、概念性机械功能、粗略的CAD模型(虚拟)、纸/泡沫芯模型(实物),如图3-17、图3-18所示。

图3-16 概念细化草图

整体构造　　　　　　　　　　系统零件分解

图3-17 粗略的CAD模型

图3-18 初始实物模型

9. 产品规格

创建一个产品规格的信息文件,定义需要捕捉的主要因素,以便正确部署团队,进一步设计和开发产品。输出可能包括:更新的设计指南、客户的营销规格、BTU回顾、初步的C/M/F(颜色/材料/饰面)、初步费用估计(供应商)、产品规格指南(表3-2)。

10. 产品定义

了解人体工程学需求,以确定合理界面区域。在此阶段,我们要确定产品的形式和风格,要在使用场景中快速研究模型来评估运动/位置和接触点。

表3-2 产品规格指南

价格目标	类别:VURyte工作区项目				
零售目标:14.99~24.99美元	产品:工作空间	9.00inH × 18.5inW × 11.50D(H×W×D)			
批发价目标:4.99美元	描述:桌面组织中心	备注:这些代表着一个完整的产品组装			
制造成本目标:TBD					
组成	部件信息	工业设计意向	工程制造生产考虑	部件图片	产品图片
底部托盘	零件号码:xxx-xxx-xxx-xxx				
所需材料	高强度ABS——开关工具	该部件的设计适用于简单的开/关工具,没有滑块或升降器			
材料约束1	壁厚	待定,由工程决定			
材料约束2	零件公差	部件与辅助部件互锁。接口表面的公差要求严格			
材料约束3	零件弯曲	制造确保零件不弯曲			
设计约束	零件需要内部和外部的草稿	零件草图由制造和零件装配需求来决定			
颜色	不透明的	深灰色/黑色,待定			
表面处理	磨砂	纹理-等同于MT-11005			
估算成本	待定				
尺寸	1.00inH × 5.00inW × 11.50inD (H × W × D)				
侧面托盘	零件号码:xxx-xxx-xxx-xxx				
所需材料	高强度ABS——开关工具	该部件的设计适用于简单的开/关工具,没有滑块或升降器			
材料约束1	壁厚	待定,由工程决定			
材料约束2	零件公差	部件与辅助部件互锁。接口表面的公差要求严格			
材料约束3	零件弯曲	制造确保零件不弯曲			
材料约束4	材料的选择必须具有"热"和"冷"的耐受性,并在从冷热状态转换到室温时保持耐受性	零件用于饮料支架,必须能容纳各种容器(玻璃、陶瓷、纸等)中的冰饮料和热饮料(咖啡/茶)			
设计约束	零件需要内部和外部的草稿	零件草图由制造和零件装配需求来决定			
颜色	不透明的	深灰色/黑色,待定			
表面处理	磨砂	纹理-等同于MT-11005			
估算成本	待定				
尺寸	0.75inH × 3.50inW × 3.75inD (H × W × D)				
架子(单一零件)	零件号码:xxx-xxx-xxx-xxx				
所需材料	金属	带卷边的激光切割/冲压零件,可容纳用于悬挂的镜面部分			
材料约束1	壁厚	待定,由工程决定			
材料约束2	零件公差	零件通过铰链与一个相同的零件互锁,镜像装配。接口表面的公差要求严格			

注:表格中"in"为英寸。

输出可能包括：人体工程学/人为因素分析、可用性分析、表格定义、最终实物模型（图3-19）、CAD曲面模型、设计语言定义（图3-20）。

图3-19　最终实物模型

图3-20　最终设计定义草图

11. 最终效果图

最终效果图可以突出产品的形式和风格，也可以说明建议生产的产品是什么样子的。输出可能包括：最终设计方案效果图（图3-21）、二维/三维CAID渲染图/草图、动画、产品图文安排、C/M/F选择。

图3-21 最终设计方案效果图

12. 控制布局图

一旦选择了最终的方向,就可以制作ID、CAD数据或图纸,以传达设计者的意图和总体关键尺寸。这些信息是所有后续设计和开发活动的基础。图形或颜色布局的开发是为了建立产品各个元素的设计图。输出可能包括:二维正画图、三维控制面、C/M/F(颜色/材料/表面处理)定义、标签/产品图形(图3-22)。

图3-22 控制布局图(单位:cm)

四、双钻模型设计流程

英国设计协会提出了一种设计流程模型,称作双钻模型。双钻模型描绘了设计中思维发散和思维收敛的过程。其重点是描述产出最终方案之前的设计过程,是一种设计师使用的思考模式(图3-23)。

双钻模型把设计过程拆解为四个步骤。

第一步探索期:对现状进行研究和分析,发现问题、探索并研究问题的本质。

第二步定义期:确定关键问题,将第一步发现的问题进行思考和总结,把问题集中起来解决。

第三步发展期:进行方案构思,寻找潜在的解决方案。

第四步交付期:将上一步中所有潜在解决方案逐个进行分析验证,选择最合适的方案。

从双钻模型中我们可以发现,设计是一个持续的思维发散与思维收敛的过程。

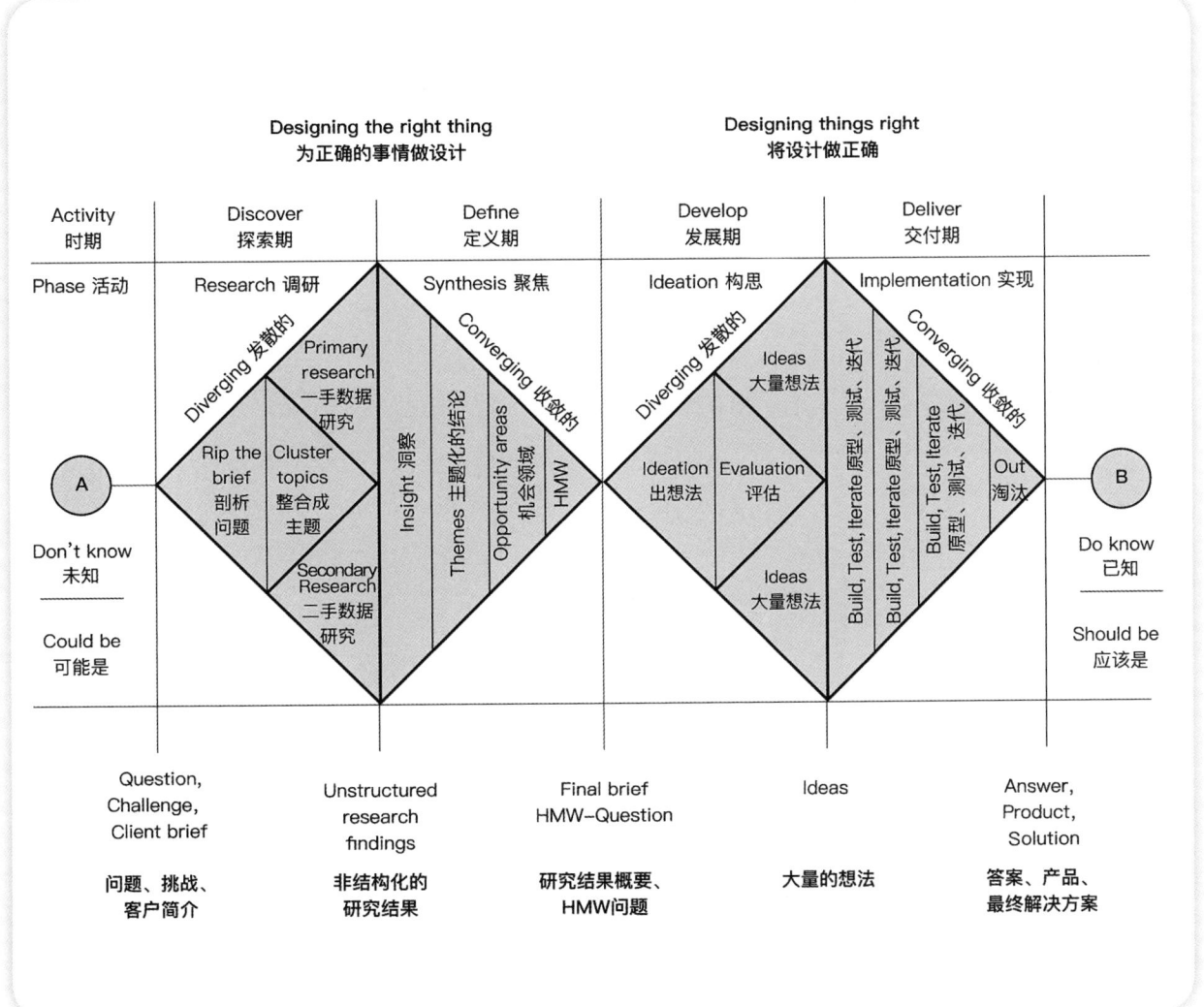

图3-23 双钻模型

第二节　非线性设计流程

一、设计实践中常见的非线性设计流程

正如前文所述，在设计实践中，设计流程并不总是从A点到B点式的线性发展，其中也可能存在反复及同步。关于这个特点，在不同学者的著作中都有所体现，下面就以国外两位学者的描述为例，进行进一步的解释。

1. 伊丽莎白·桑德斯对非线性设计流程的解释

伊丽莎白·桑德斯在其著作《愉悦工具盒》中，对设计过程中的数据分析和设计概念的提出环节进行了归纳。例如图3-24（a）中展示了从研究/分析到设计/概念化的一个非常简化的路径，即路径从具体层（比如数据层）移动到越来越抽象的层次（比如信息层、知识层、洞察层），然后再回到更具体的层次。但是，在实践中，分析和概念化之间的相互作用对于设计过程是非常有益的，甚至是必要的。简单的想法可能直接从数据层产生，然后这些想法可能在信息层揭示新的想法，如图3-24（b）所示。

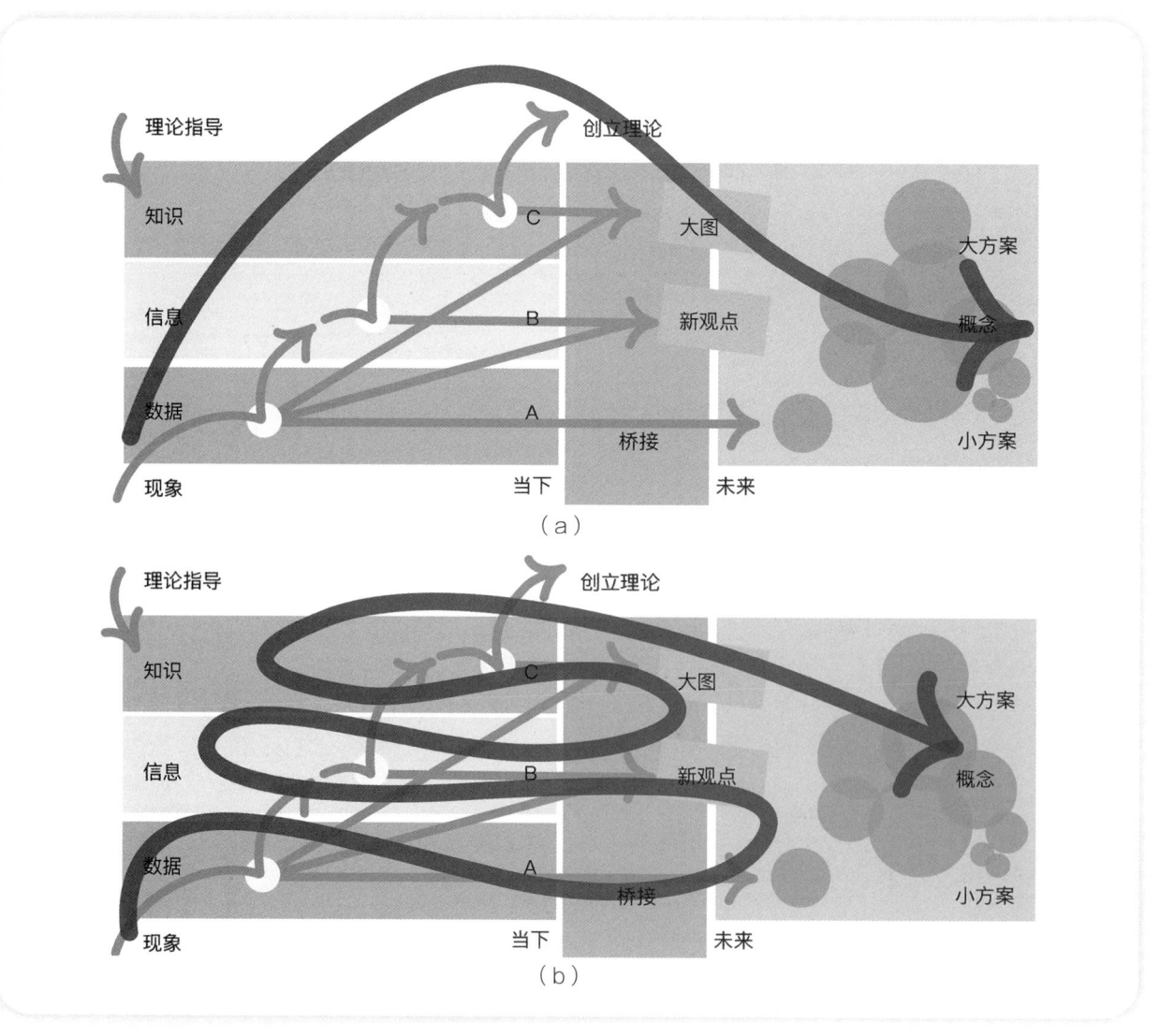

图3-24　非线性设计流程1

2. 维杰·库玛对非线性设计流程的解释

美国工程院院士、宾夕法尼亚大学教授维杰·库玛（Vijay Kumar）在其著作《101设计方法：设计的结构化方法》中提炼了一个设计流程 [图3-25（a）]：①感觉意图，明确设计目标；②了解语境上下文，了解设计的要求细节等；③了解人群，进行用户研究；④构建洞察，进行数据分析，提炼核心发现；⑤探索概念，围绕设计洞察进行概念发散；⑥构建解决方案，在概念中进行筛选深化；⑦实现产品，基于所选择的方案进行深入实现。但是，在设计实践中，设计流程并不总是按照这样的顺序推进的，其真实的情况是可能会出现图3-25（b）中的顺序。

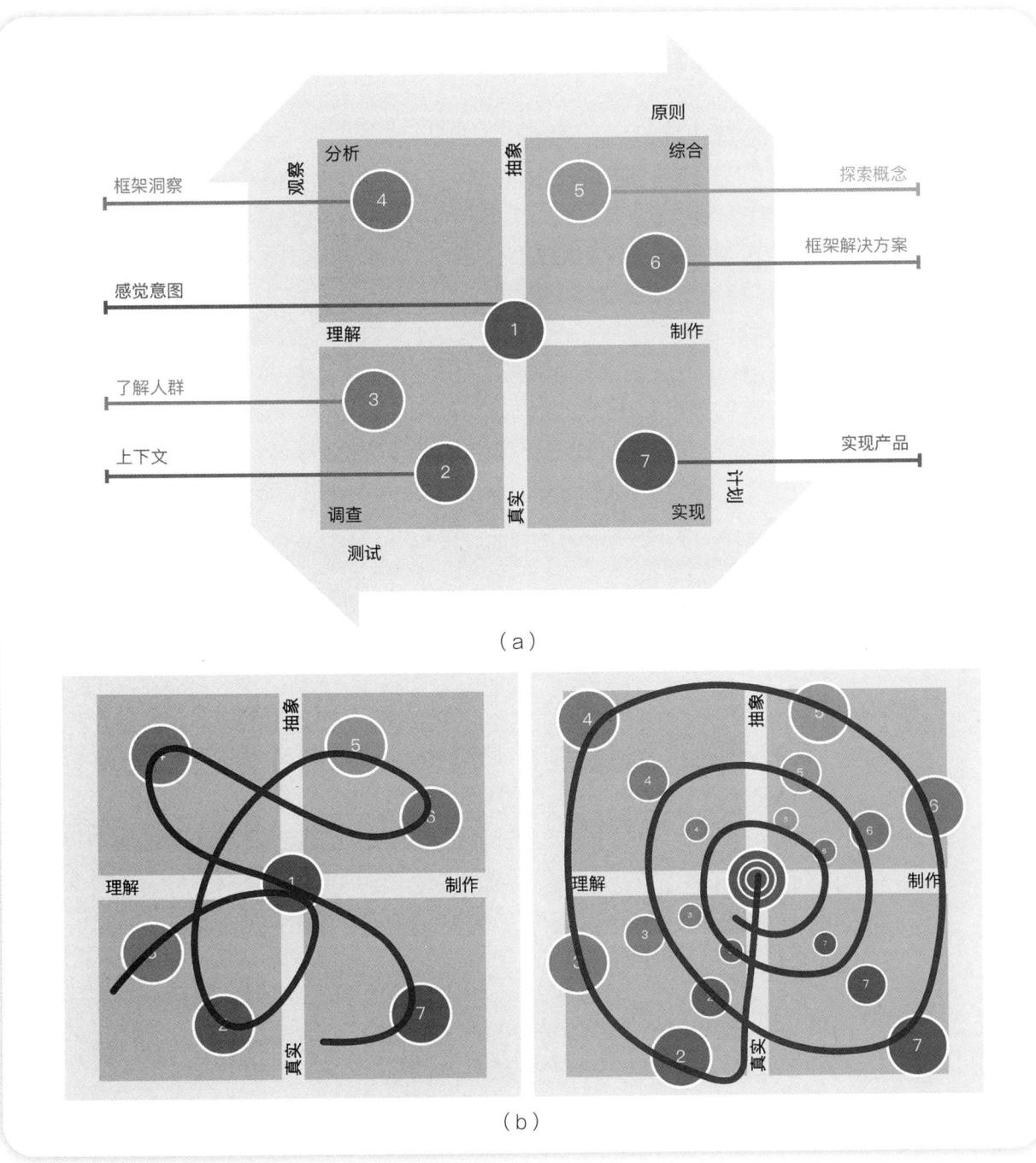

图3-25 非线性设计流程2

二、整合创新设计中的非线性设计流程

从上述两位学者整理的设计实践中经常出现的非线性设计流程模型可以看出,设计实践中的非线性设计流程在整体上具有一定的阶段递进性,比如可以归纳为发现、理解、分析、解决四个阶段,但在具体实施中,并没有标准的过程和顺序,可以根据具体的需要,进行自由穿插组合。整合创新设计中的非线性设计流程同样如此。

下面我们就以一次整合创新设计课程中的设计流程为例,讲解整合创新设计中的非线性设计流程。

1. 设计团队的确定

在本次课程的开始,首先向学生发放能力自评表格,让他们填写关于领导能力、专业能力等个人素质的评测表。然后根据学生的情况,均衡划分项目小组,并选择小组中领导能力评估较高的人作为组长。组员之间根据能力的不同进行分工,为顺利开展各项任务、达成合作奠定基础。

2. 设计目标的明确

本次课程的设计目标为:通过新技术提升校园生活幸福感。针对这个设计目标,同学们分别展开了不同角度的调查,发现了具体的问题及设计机会点。

3. 设计方案的产生

下面以学生的课程作业为例,对设计方案的产生过程和部分内容进行梳理。本次课程中,学生们产生设计方案之前,共经历了发现、理解、分析、解决四个阶段(图3-26)。

图3-26　整合创新设计课程中的非线性设计流程

（1）发现阶段

在发现阶段，学生们具体进行了前期调研、问题发现、深度访谈、方向确定几个过程。

课程中的一个设计团队在这一阶段主要对趋势背景、经济发展、文化背景、科学技术背景及趋势等进行分析，并结合对用户的研究，得到了设计方向。

另一个设计团队则以母婴产品设计为中心，首先通过实地调研和桌面调研两种方式对用户进行初步的数据收集分析。其中，实地调研包括去月子中心、妇幼医院、商场等地方收集信息。桌面调研包括网站信息收集、文献资料查阅等，例如该团队选取了全国各地近30位哺乳妈妈，对其基本信息进行一对一线上调研（图3-27）。

通过这两种调研方式，该设计团队初步发现了问题点。他们对妈妈和宝宝这两方面进行总结分析后，发现了一个新兴用户群——背奶妈妈（图3-28）。

阿纯 25岁
苏州 宝宝5个月

NR 27岁
厦门 宝宝8个月

小靓妈妈 27岁
镇江 宝宝4个月

空空空心 28岁
重庆 宝宝4个月

抽抽 29岁
上海 宝宝9个月

李淳 30岁
北京 宝宝1个月

兔小二 30岁
烟台 宝宝5个月

李媛 31岁
贵阳 宝宝5个月

Cathy 32岁
苏州 宝宝4个月

炫彩宏 32岁
北京 宝宝3个月

淡沫儿 32岁+
西安 宝宝3个月

孙女士 35岁+
上海 宝宝4个月

图3-27 用户调研

母乳喂养：营养均衡、增强免疫力、有益于母亲健康、容易消化吸收、纯净安全……

母乳喂养很好，但是……

妈妈方面

- 奶涨
- 结块
- 母乳残留引起的乳腺炎
- 母亲身体问题（乳头敏感／乳头内陷等）
- 开奶问题

宝宝方面

- 奶阵造成呛咳
- 前奶、后奶成分不同
- 孩子不愿胸喂，只能瓶喂母乳
- 早产儿或其他身体问题

图3-28 用户定义

背奶妈妈

" 利用工作间隙存储母乳，背回家给宝宝当"口粮"的职业女性 "

图3-28 用户定义（续）

在选取四位典型用户后，又通过"一对一"的深度访谈方式，发现背奶妈妈在生活与工作中面临的具体问题，如母乳喂养时间紧张、工作压力大等（图3-29）。

（2）理解与分析阶段

发现问题后，设计团队通过确定关键词、绘制典型用户形象与故事板、梳理用户旅程图、进行竞品分析与评估等作进一步的理解与分析。

设计团队围绕背奶妈妈展开探索，罗列出人群的典型特点，确定出关键词：舒适、高效、情感。然后，该设计团队绘制出了背奶妈妈的典型用户形象及故事板（图3-30至图3-32）。

图3-29 用户社会背景（定位依据）

舒适	高效	情感
减少拿握疲劳 防止吸乳痛感	简化烦冗步骤 缩短吸乳时间	营造温馨情境 促进母乳分泌

图3-30 关键词

图3-31 用户形象

图3-32 故事板

接下来,通过梳理用户旅程图和用户的行为流程,在哺乳行为过程中发现机会点,重新定义。同时还对市面上现有的热购产品进行评分(图3-33)。

(3)解决阶段

在理解与分析之后,设计团队明确了设计机会点与设计要点,对设计进行表达,确定品牌的定位,并进行品牌描述等(图3-34、图3-35)。具体过程包括:明确机会点与设计要点、探寻设计表达、确定品牌调性、讲述品牌故事。

图3-33 现有产品使用体验评分

图3-34 设计要点

图3-35 设计表达

通过前面阶段确定最终的设计定位后，团队成员从人机关系、简化结构、造型元素、一体式设计、简化拆装步骤、多功能接口等方向入手，进一步明确设计方案的品牌定位、表现形式和视觉形象。其中视觉形象选自蜂鸟，体现出纯净、自由、欢乐的感觉。品牌定位界定在偏向个性优雅的感觉。品牌传递的信息是用户能够毫不费力地履行自己的母亲职责，感知到自己正在抚养孩子，并获得满足感（图3-36至图3-39）。

图3-36　视觉表达1

图3-37　视觉表达2

Brand essence

Proud, Free, Joy ful

FREY empowers you to effortlessly fulfill your role as a mother and brings gratification knowing you are nurturing your child while living life fully.

Brand essence 品牌本质
Proud 自豪的　　Free 自由的　　Joy ful 欢快的
Frey 可以为您的母亲角色进行助力，让您感知到自己正在全心生活并养育着您的孩子。

图3-38　视觉表达3

蜂鸟的故事

它是一种叫Frey的蜂鸟，与其他鸟类不同。
它是如此的小。

当它在花丛中飞翔时，它看起来像一个仙女，
不容易被人觉察。它飞得很快。

当它飞过天空时，只留下了吱吱声，却没有任何痕迹。
它看起来很优雅。

当它站在鸟群周围时，它总是高昂着头，眺望远方。
它是大自然母亲的聪明帮手。

它一边飞一边给花授粉，一次又一次地用它的长嘴吸蜜。

我们就像你的蜂鸟，永远和你在一起。

图3-39　视觉表达4

依据舒适、高效、情感三个设计关键词，设计团队选取蜂鸟作为品牌的代表形象，意在给背奶妈妈传递出小巧、便捷、优雅、自由的品牌理念。另外，在解决阶段还进行了最终设计方案的深化、探索产品的形状及使用场景等步骤（图3-40至图3-42）。

图3-40　结构

图3-41　产品渲染图

图3-42　使用场景

整合创新设计的流程卡片集

IDEO设计流程 线性设计流程 →

IDEO设计流程示例图:

设计流程概括:

1. 用户研究
2. 定义问题
3. 形成概念
4. 制作原型
5. 测试

ViP设计流程 线性设计流程 →

ViP设计法则示例图:

设计流程概括:

1. 定义设计范畴
2. 收集情境因素
3. 构建情境
4. 定义声明
5. 设计用户与产品交互的关系
6. 定义产品特质
7. 概念设计
8. 设计和细化

金字塔设计流程 线性设计流程 →

金字塔设计流程示例图:

金字塔设计流程图

设计流程概括:

1. 项目启动(指南)
2. 数据收集（分析）
3. 观察研究
4. 聚类分析
5. 创意草图
6. 可行性测试
7. 概念设计
8. 基本功能模型
9. 产品规格
10. 产品定义
11. 最终效果图
12. 控制布局图

双钻模型 线性设计流程 →

双钻模型示例图:

设计流程概括:

1. 探索期
2. 定义期
3. 发展期
4. 交付期

伊丽莎白·桑德斯 非线性设计流程 →

示例图:

维杰·库玛 非线性设计流程 →

示例图:

整合创新设计中的非线性设计流程 非线性设计流程 →

示例图:

设计流程概括:

1. 发现阶段
2. 理解与分析阶段
3. 解决阶段

整合创新设计的
流程卡片集

第四章
整合创新设计实践课题训练与案例解读

📌 本章简介

本章选取了以往教学过程中的两个比较有代表性的主题练习，以进行一些课题训练的示例及案例的解读。希望通过这些课题训练和案例解读，帮助同学们熟悉整合创新设计的流程及其过程中方法工具的选择、创新和使用。

第一节　有技术限定的课题训练与案例解读

一、课题简介

本章选取的第一个课题是"基于超声波技术的家用清洁类产品设计"。该课题以超声波清洗技术为基础开展整合创新设计训练。在训练过程中，学生需要结合超声波技术的特征与用户的清洁需求，提出不同的创新方案。

该课题的设计目标为通过利用超声波技术，完成家用清洁产品的设计研发。针对这个设计目标，各小组同学分别展开了不同角度的调查，发现了具体的问题及设计机会点。

我们将详细拆解一个设计的过程，并以版面的形式展示相关的其他案例。

二、案例解读

1. FLUX家庭智能饮用水净水器设计

以下是该案例设计方案的设计过程。

（1）问题洞察

小组同学通过分析数据，洞察到以下几个问题：

①厨房用水常常存在一定的健康问题。比如，多数住户清洗蔬菜、水果、煲汤、淘米时常常使用普通的自来水，但这种自来水没有经过净化，水中有很多有害物质，对用户的健康是非常不利的。

②纯水机产品不仅产生大量的浓缩水,在得到洁净的水的同时也不可避免地产生一定的废水,且经过RO膜净化出水的速度较慢。

③净水器滤芯的更换过程较为复杂。目前,国内不少净水器用户都对净水器的科学使用认识不足,其中一个最为突出的问题就是因净水器滤芯更换过程太复杂而长期不更换。

(2)市场研究

基于当前的主流品牌,小组同学对产品进行了SWOT分析,并得出了五点结论:目前市场规模不大,未来前景广阔;产品同质化问题严重;产品种类繁多,品牌少(竞争不充分);组(拼)装的多,拥有自主核心技术的少;重销售、轻服务(图4-1、图4-2)。

图4-1　产品及企业竞争态势分析

现阶段家用净水机的技术类别

序号	类型	特征	代表品牌	优点
1	混装型	所有过滤材料装填在1个壳体中	爱惠浦、泉来、金利源等（包括净水桶）	较为简单、易于规模化生产
2	集成型	单一功能过滤材料，自成一体，系统集成	美的、世保康、鸿碧	因地制水、对原水水质要求不高
3	单一型	产品只有一种过滤、一个功能	立升等	结构简单，单项功能强大

（a）

传统型

传统净水机，内部接头众多，每一处连接点都是一处漏水隐患，现在的家具动辄上万元，一个不好，泡一次损失就很大，多少台净水机都换不来。

集成型

➢ 滤瓶与滤芯分开，更换滤芯只需要更换核心部件，滤瓶与机身集成一体无须更换，使用成本进一步降低。

➢ 集成水路内部没有接头，污染物自然无法附着，能够被完全截留在滤芯中，因此也不会腐蚀，使用寿命更长。

（b）

图4-2　家用净水机的类别

(3）技术调研

小组同学对目前市场上现有家用净水器产品的相关技术进行了调研（图4-3、图4-4），分析了现有产品的局限性：净水效果不理想、场景适应能力较差等。同时还分析了水槽一体化安装的设计优势：节省了安装空间，解决了中国家庭厨房无处安装及要额外改水路的烦恼，同时又操作简单、便捷、实用。

图4-3　竞品分析

> 小米净水器及永源净水器拆机测试

图4-4 竞品单品分析

（4）用户研究

小组成员基于访谈法、观察法、追踪法与问卷法，定义用户群体为达到小康水平的三口之家及新一代白领家庭（图4-5）。这类家庭追求生活品质，容易接受新事物，个性化、多选择、空间的最大化利用是他们的消费需求。因此他们的消费心态主要是要求产品大容量、品牌化、智能化及灵活化（图4-6至图4-8）。

出水慢

Q：那您觉得我们该如何改进现在的净水器，像有人说它出水特别慢？
A：对了，这不是水压的问题，水压的问题的话，这边这么细的柱，它这边就这么一点点跟线似的。我们要接一桶水就很难，是它和那个过滤管的事。单靠它解决不了这个问题。

滤芯更换

Q：滤芯要不要经常换啊？
A：像PP棉的六个月到九个月换一次，活性炭的话一年到一年半，超滤膜是三年左右。rv膜的是三年到五年换一次，他得根据你家水质来换。

改进期望

Q：如果我们要改善这个净水器，您觉得您对未来的净水器有什么期望呢？
A：改善的话呢，一是从净水的质量上，二是从价格上。你要是设计好了市场很大。

定期更换

Q：用水过程还有什么问题呢？
A：没有什么问题了。我觉得要是研制出一种和那个芯似的定期换的那种机器，那个东西我觉得挺好，现在呢，有一个芯直接过滤，我觉得有好多人还不大放心，就觉得那个东西太简单了似的，内心就感觉接受不了似的。要是真研制出那个东西我觉得挺好的。

用户体验

Q：请您从咱们的角度或者是设计的角度或用户体验谈谈使用上有哪些不便。
A：我有时候觉得差不多了，半年换一次，或者三个月换一次，滤芯小，出水慢，贵。

图4-5　用户访谈

图4-6　用户厨房用水行为分析

图4-7 用户厨房用水行流程分析

图4-8 个例追踪

（5）使用场景分析

用户的厨房面积为8~12m²，本着在有限的空间里追求最大利用率的原则，产品的效率与占用空间的矛盾有待设计小组解决。此外，在安装位置上，用户倾向于水池附近（图4-9、图4-10）。

图4-9　用户厨房空间分析

图4-10　产品安装区域

（6）产品定义

本方案主要是要设计一款针对达到小康水平的三口之家以及新一代白领家庭，以厨房用水净化程度细分为主导功能的系统化集成产品。设计小组通过对水槽、净水器、水龙头进行整合化创新，使用户可以很容易地更换滤芯、切换用水模式、改变用水的使用方式，从而改善居民饮用水的质量与健康问题（图4-11、图4-12）。

图4-11　方案创新机会点

图4-12　设计原则

（7）设计输出

本方案的设计主要针对工作年限在3年以上、对自己身体健康非常关注，且常住成员超过一代的小户型住户。新产品的主要功能是净化厨房饮用水，并使其可以被分区利用。该产品以模块化组合置入水槽或者洗碗机中，同时设有四档用水区分，方便用户区分厨房中的饮用水（图4-13）。

此外，该产品具有更加紧凑的安装空间，可以在后期加装洗碗机。从实际功能参数来看，该产品不仅将在节水、节电方面成效显著，更将在洗碗效率和操作便捷性上遥遥领先目前市场上的同类产品（图4-14、图4-15）。

（a）产品功能分析

（b）产品创新点分析

图4-13 产品分析

图4-14 产品安装示意

（a）效果图1

（b）效果图2

图4-15 产品设计效果图

2. 相关案例版面展示

以下为超声波-水槽式婴儿洗衣机设计、基于新环境下的E-neat母婴专用洗衣机设计、基于厨房场景的水池净水系统一体化设计、Chopstick中式家庭餐具清洗机设计、DALE家具式智能母子空气净化器设计五个相关案例的版面展示（图4-16至图4-25）。

超声波-水槽式婴儿洗衣机设计

本设计方案基于超声波技术，聚焦解决婴儿衣物清洁问题。设计小组经设计概念发散，最终开发了一个在水池上的洗衣机概念。该产品目标用户是年轻女性等追求生活品质的特殊人群。设计采用水槽式布局，兼顾洗手池与婴儿小件衣物及尿布频繁清洁功能。此外，产品内置超声波清洁模块，可有效减少衣物磨损。衣物清洁后，可在里面烘干加热。

需求总结

1/ 小件衣物高效洗涤

2/ 小件衣物轻柔洗涤，减少衣物磨损

3/ 局部特渍洗

4/ 消毒杀菌直观化

5/ 洗衣体验场景化，充分利用空间

6/ 婴儿小件衣物烘干

7/ 婴儿衣物分类洗

8/ 产品的可持续利用问题

设计小组经研究发现，婴儿衣物在清洁过程中存在高效、轻柔、局部污渍清洗、杀菌可视化、洗衣体验场景化充分利用空间、烘干分类清洗、可持续使用(婴儿长大后依然可以使用)等需求。

水龙头距台面17.5毫米，洗衣机总高56毫米，台面长107毫米、宽53毫米。

- 产品使用环境定义　产品的使用环境是卫生间的洗手池旁边，与小件衣物清洗的习惯位置相吻合，适应用户的行为习惯。

- 产品功能分区定义　主要分两部分：第一部分是日常的水池区域，可局部或全部手洗衣物；第二部分是洗衣机区域，可机洗小件衣物。

- 三视图及尺寸图

图4-16　超声波-水槽式婴儿洗衣机设计1

实物展示 打开状态

在明确设计核心切入点后，设计小组对相关产品的内部结构进行了研究，其中包括超声波换能器、超声波发生器、大功率超声波换能器与电路图。

● 产品实拍图

● 内部结构及原理示意

① 洗衣机主控制板
② 抽湿风口
③ 洗衣机排水口
④ 雾化烘干换能片
⑤ 超声波雾化烘干发生器
⑥ 电磁排水控制阀

设计方案的内部结构组成及工作原理包括洗衣机主控制板、抽湿风机、洗衣机排水口、雾化烘干换能片、超声波雾化烘干发生器、电磁排水控制阀、洗衣液存储/起泡盒、洗衣机出水口、洗衣机进水电磁阀、洗衣机喷淋进水电磁阀、洗衣机喷淋臂、超声波换能器、洗衣机排水口、喷淋臂旋转电机、超声波发生板、洗衣机排水电磁阀。

① 洗衣机存储/起泡盒
② 洗衣机出水口
③ 洗衣机进水电磁阀
④ 洗衣机喷淋臂进水电磁阀
⑤ 洗衣机喷淋臂
⑥ 超声波换能器
⑦ 洗衣机排水口
⑧ 喷淋臂旋转电机
⑨ 超声波发生板
⑩ 洗衣机排水电磁阀

● 产品内部结构研究

拆机研究　　　　超声波换能器　　　　超声波发生器　　　　大功率超声波换能器与电路图

图4-17　超声波-水槽式婴儿洗衣机设计2

基于新环境的E-neat 母婴专用洗衣机设计

该方案设计了一个专门针对婴儿贴身内衣物的专洗机。方案利用超声波技术,免洗涤剂,解决了洗涤剂对宝宝的健康侵害问题。产品的生命周期长,在宝宝过了0~3岁这个年龄段后,同样适用于成人常更换的贴身用品的清洗。

该方案使得产品具有了可延展性,除了解决婴儿衣物的清洁问题,还能解决男性袜子堆攒和女性内衣清洗的麻烦。同时,将衣架与洗衣机内部结构进行模块化组合,衣服洗完扭干可以直接晾晒,既节省空间,又方便收纳。此外,还简化了洗衣机的操作界面,老年人也可轻松使用。

● 产品整体效果

产品仿手洗结构设计

该方案利用旋转电机以及齿轮互相咬合带动内筒底端的金属环进行水平旋转,从而带动整个橡胶衣笼扭转变形,模仿手拧动作,挤压脱水。

● 产品双效烘干结构设计

该方案中,产品的外筒加上便携的烘干衣架,实现了双效烘干功能。外筒风干区从底部进风口进时,通过PTC加热板将冷空气加热,热空气上升,到达桶口出风口处,从而烘干衣服。同时,控制板通过控制供电板给升降杆顶部的线圈供电,使得烘干衣架底部线圈产生感应,进行烘干任务。

图4-18　E-neat 母婴专用洗衣机设计1

使用时，将烘干衣架上的衣钩拉出后，衣架不仅具备了悬挂功能，而且便携，还能够节省盖内空间。

产品悬挂晾晒功能设计

便携烘干模块使用步骤详解

STEP 1
烘干衣架与底座

STEP 2
根据被洗衣服的晾晒需求
选择电干的个数

STEP 3
组装完成

便携烘干模块使用场景

便携烘干模块使用场景 | Portable drying module usage scenario

给内衣一个更好的晾晒烘干环境
做一个精致的猪猪女孩

该方案设计了便携烘干模块，通过电磁感应导电杆，将供电底座与便携式烘干衣架相连接，从而给烘干衣架供电，进行烘干任务。用户可以根据自己贴身衣物的晾晒需求进行模块化组合，调节供电杆的高度。

图4-19　E-neat 母婴专用洗衣机设计2

基于厨房场景的水池净水系统一体化设计

● 水池与沥水篮附件搭配使用场景

● 水池清洗场景   ● 水温调节功能

设计主要面向达到小康水平的三口之家以及新一代白领家庭，以厨房用水净化程度细分为主导功能，通过对水槽、净水器、水龙头进行整合化创新，使用户可以容易地更换滤芯，灵活切换用水模式，改变用水方式，并改善用户饮用水的质量与健康问题。使用该产品时，用户不仅可以快速地识别饮用水的健康与否，还能减少水资源的浪费。

● 水池整体效果

该设计方案包括两个独立的部分：一个是水池部分，一个是沥水篮附件部分。沥水篮可以在水池上前后移动，方便放置食物。水池的水龙头通过旋转滑动进行水温的调节控制。

图4-20　水池净水系统一体化设计1

- 水池内部结构

方案净水系统设计

按钮按压　　　　　　　　　打开上盖　　　　　　　　　更换滤芯

水池的内部结构包括稳压泵、电路板、TDS检测针、集成化水路、滤芯仓、进水阀和出水阀。在本方案中，为了最大程度地节约厨房台下的空间，同时方便滤芯的更换，将滤芯仓放置在了水龙头的一侧。只需按下按钮便可打开滤芯仓，进行滤芯的更换。

图4-21　水池净水系统一体化设计2

Chopstick 中式家庭餐具清洗机设计

该设计是集成了烘干消毒收纳和超声波清洗的智能多模块系列餐具清洗机。产品分为两个模块。
清洁模块：主要功能为清洗餐具，也提供了一些配件来清洗一些体积较小的水果和茶杯。
消毒模块：其功能为收纳、烘干、消毒，并智能感应餐具的启动或关闭。

三种外观形态

细节展示

该设计是个系列产品，包括三种不同外观形态。第一种是一款透明材质横放的餐具收纳盒，方便用户看到其中的物品详情。第二种是一款横放的不透明餐具收纳盒，可以搭配在其他位置使用。其全封闭的外观保证了视觉的干净整洁。第三种是一款竖放的餐具收纳盒，其中的金属容器可以向上取出，侧面设置部分透明材质，方便查看内容物。虽然三种形态各异，但其结构大同小异。同时其核心元器件都放置在底座，其中包括了超声波发生器等元器件。

图4-22　Chopstick 中式家庭餐具清洗机设计1

● 餐具清洗机设计方案示意

图4-23 Chopstick 中式家庭餐具清洗机设计2

DALE 家具式智能母子空气净化器设计

● 产品效果图

该设计的目标用户是对生活有品质追求的中高收入阶层,如常在移动或不定环境中睡觉的设计师或程序员。

产品的主要技术为超声波、负离子和滤网技术。

● 子机尺寸图

● 产品结构

产品的主要功能是空气净化(杀菌、除螨、除烟尘、除甲醛)、加温降噪、定时、灯光调节、储物、充电、防辐射等,在空气净化的基础上,还针对睡眠的场景进行了一些功能改进,并增加了一些提高用户体验的可选模块,如香薰、加湿、除湿、音乐及智能监测调节等,以满足不同用户在不同季节(时间)下的需求以及不同阶层的价位需求,从而最大限度地使不同用户获得良好的睡眠体验。

图4-24 DALE 家具式智能母子空气净化器设计1

产品结构

1 顶盖	8 水箱	15 超声波震荡水音器
2 暖光灯	9 水箱把手	16 负离子发生器
3 金属配件	10 白噪音音响外壳	17 电池板
4 蓝光灯	11 音响电路连接板	18 震荡雾化器
5 亚克力透光底板	12 音响	19 风机
6 金属滤网	13 滤网	20 电池
7 水箱按键电路板	14 除湿机滤网	21 废水箱
29 雾化片	36 子机连接金属管	42 水箱把手
30 子机水箱外壳	37 子机屏幕后盖	43 净化器后盖
31 子机水箱分割片	38 子机屏幕触摸屏电路板	
32 负离子发生器	39 子机屏幕集成电路	
33 子机连接电线	40 子机屏幕	
34 振鸣器	41 净化器底板	
35 子机水箱内壳		

产品使用场景

产品的使用场景主要是在卧室及脱离卧室以外的临时睡眠空间，其分体式设计，适应多场景的睡眠空间，让用户无论在卧室还是在其他地方都可以享受良好的睡眠。

图4-25　DALE 家具式智能母子空气净化器设计2

第二节 无技术限定的课题训练与案例解读

一、课题简介

本章选取的第二个课题是"面向未来生活的产品设计"。该课题并没有限定具体使用的技术手段来开展整合创新设计训练，但在训练过程中，需要学生围绕生活，提出不同创新方案。

该课题的设计目标为研发出满足未来生活需要的产品。针对这个设计目标，各小组同学分别展开了不同角度的调查，发现了具体的问题及设计机会点。

二、案例解读

1. YIFUN家庭多功能中医养生产品设计

该案例设计过程在各阶段的内容可以概括如下。

（1）前期调研

设计小组通过行业报告、查阅学术论文、实地调研、访谈相关领域专家等途径，初步获得前期资料，对相关领域的国内外研究现状有了一定的基本了解：目前，中药煎煮及其研究在国内较为常见，患者一般根据药方到医院抓药，回家后将药物放入砂锅中熬制；中医药在国外则使用较少，相关研究也比较薄弱。此外，还对用户、技术、市场进行了调研（图4-26）。

（2）机会发掘

在此阶段，设计小组主要进行了市场调研分析（图4-26）、竞品分析（图4-27）、技术原理分析等。经过调研发现，设计的宏观背景中有五个方面的新内容。第一，新器具。需要用现代技术解决中药煎煮过程中的痛点，改进家庭操作的体验。第二，新药方。需要根据现代生活的特点，提出符合人们需要的药方。第三，新态度。在产品开放过程中，应该从治疗症状转变为预防，在治未病中发挥重要作用。第四，新文化。人们对于中医有了更多的肯定和接受。第五，新空间。家庭成员更加多样化，使用空间也更加灵活多变。

此外，小组成员在调研中发现当下国内养生类产品形态大多是传统壶具面貌，因此根据不同的养生进行了新的设计，最终利用ViP设计法则进行了产品的迭代探索及产品定义，即这个设计针对的人群是中医养生人群和需要进行健康调理的人群，目标是为其提供专业的、更符合中医药物特性、可食疗和养生的产品。通过解决传统中医养生中的痛点，让养生更健康、高效、有趣（图4-28）。

（3）用户定义

通过前期资料搜集，设计小组结合用户访谈、用户调研等方法收集与目标用户相关的信息，在此基础上绘制用户画像，描绘了代表性用户的行为、价值观、需求等。在本次设计中共构建了三类用户画像：长期药补型人群、养生调理型人群和年轻高效型人群。

（a）行业报告调研资料

图4-26 前期调研资料

用户层面

从用户层面来说，家庭中医养生方式存在诸多问题，如：难以找到适合现代人们生活的中医养生方式，难以提高传统煮制效率，难以提高制作处方的体验。综合各方面来比较，家庭中医药养生耗时长、收益差，不同的养生用户也需要根据自身的身体实际情况来快速匹配适合自己的养生处方，中医药制作效率有待进一步提升，人们更希望高效率和省时省力的制作方式。

技术层面

从技术层面，超个性化产品迈向诊断性、高度个性化的健康产品和服务，现在越来越多。产品的智能交互与大数据分析将融入产品之中。现有养生类产品功能虽多，但与中医药的煎煮方式并不一定相宜，市面产品仍然处于手动或半自动的形式，不够高效，设置很多与中医药养生无关的功能，不具有药物所需的相关功能。

市场层面

市场层面，中医药养生正以前所未有的速度进入主流，用户群体基数大，并且需求为调理身体、防衰老和慢性疾病的用户占了其中的一半以上，因而提高产品的使用体验显得尤为必要。现代社会个体生活特点差异性较大。从治疗到养护，越来越多的消费者注重日常保健，但不当的饮食养生，容易产生营养过剩。中医药养生提前了解用户的个人体质、用户适合的食补方法，整合医疗资源，重构并有效利用，在为健康的家庭中医药养生生活提供问题解决方案方面具有很大潜力。

（b）用户、技术、市场调研资料

图4-26　前期调研资料（续）

养生壶
辅食机
研磨机
豆浆机
禅食
养生茶
药膳
榨汁机
热量计算
……

图4-27　竞品分析

小组成员通过总结目标用户群体的特点建立人物模型,之后收集了用户关于家庭中医养生行为的分析洞察机会点。此外,还针对目标用户,进行了关于家庭中医药养生整个过程的用户旅程分析,以便在后期方案中深入了解目标用户(群)、充分考虑产品使用情景以及设计的合理性(图4-29)。

(4)方向确定

在理解、分析之后,设计小组明确了设计机会点与设计要点,找到了迭代设计中的相关技术突破点(图4-30)。然后,对迭代产品设计进行了表达,对设计实验和技术可行性进行了分析。之后,又确定了品牌的定位,对品牌进行了描述。

以中医药养生定义产品

WHO:中医养生人群、健康调理人群

WHAT:提供专业的,**更懂中医药物、食疗养生**的产品

HOW:**解决传统中医养生中的痛点**,让养生更健康、高效、有趣

中医药养生的核心属性

真正创造性解决中医养生中的痛点
运用现代新科技与新中医养生学让
中医药养生产品变得更

健康

高效

有趣

图4-28 定义产品

	长期药补型人群	养生调理型人群	年轻高效型人群
用户定义	长期患有慢性病或顽疾（糖尿病、高血压、癌症、重大外伤康复人员）的病患人群，治疗上采用中西结合的方式进行治疗。	防未病的养生人群，一般没有重大疾病或西医查不出问题，但需要长期调理身体的人群（失眠、妇科、养颜）。	防未病的养生人群，一般没有重大疾病或西医查不出问题，但需要长期调理身体的人群（失眠、妇科、养颜）。
用户特征	对中医药生活主导性强： 1. 接触的信息多为中医治疗相关信息。 2. 对药方以及煎煮有自身的经验，了解自己的药方并且有长期沟通复查的医师。 3. 家庭成员会多有照顾，一般有子女或伴侣陪伴，并且陪伴人员也具有相应的中医药护理知识。	对中医药生活有一定主导性： 1. 通常相对缺乏中医药知识。 2. 煎煮知识倾向于选择值得信赖的人，例如熟人介绍或者家庭有相关健康行业人员。 3. 在医院查看其他类似病例的处方，希望提高效率，得到适合自己的处方。	无规律的养生生活，难以坚持： 1. 会考虑以中医养生的生活，但不能坚持。 2. 会使用一些生活服务类的App，需要各方平台数据及机制维持养生生活的秩序。 3. 对中医药知识不了解。
用户痛点	1. 了解药物疗效。 2. 减少人工煎煮时间。 3. 保证药物的品质。 4. 节约药材与省钱。	1. 通过网络各类平台信息找到的中医处方知识在生活各方面存在冲突，缺乏专业指导性。 2. 药物疗程疗效反馈差，往往是被动等待身体变化。 3. 减少煎煮人力成本。 4. 希望提高煎煮效率。	1. 更高效的调理方式。 2. 药物治疗过程中，缺乏自我监督。

（a）用户画像

用户1

基本信息
姓名：杨建国
性别：男
年龄：58
职业：银行经理
所在地：南京

疾病：高血压、心肺不好
中医经验：经验丰富
身体状态：调理中

代表观念
[年纪大了，用赚来的钱换取健康]

用户描述
杨建国还有7年退休，现在的工作时间长，休息时间相对少。收入和职位稳定，因为年轻时候应酬和作息不规律导致患有高血压，有心脏病遗传史，长期服用中药调理。注重养生，会适量运动。

用户2

基本信息
姓名：李郝哲
性别：女
年龄：41
职业：外企职员
所在地：长沙

症状：失眠需要中医调理
中医经验：听家里建议
身体状况：调理中

代表观念
[会很注意自己的身体，但是工作也不能落下]

用户描述
李郝哲是在职职员，生活相对规律，有一个8岁的女儿，和父母住在一起，自己身体不太好。母亲会为自己煮中药调理，女儿感冒也是母亲通过中医方子给治好的。

用户3

基本信息
姓名：张晓晓
性别：女
年龄：26
职业：媒体人
所在地：上海

症状：焦虑、失眠
中医经验：无经验
身体状况：亚健康

代表观念
[朋克养生，熬最长的夜，敷最贵的面膜]

用户描述
张晓晓在媒体行业工作4年了，长期的熬夜生活让她觉得工作实在太累了。经常吃夜宵和点外卖，每天下班后她只能在楼下饭店随便吃点，没有力气自己做饭。她希望自己能减减肥，抵抗力弱，感冒了吃传统市面上的感冒药也没效果，希望通过中医治疗调理自己，但又怕麻烦。

（b）数据洞察分析

（c）目标用户定位

图4-29 用户定义

首先，传统家庭中药煎煮中存在不足。如一剂药需要煎煮三次，药剂有效成分低且含有杂质等。

其次，对高压蒸汽萃取技术进行了分析。这个技术分为高温和低温两种。因咖啡冲煮与中药煎煮同属高温水煮，设计小组又分析和参考了咖啡机的萃取技术。咖啡机萃取主要采用了高压蒸汽和水混合物快速穿过咖啡，从而在瞬间萃取出咖啡的方法，这样的方法制作出的咖啡温度非常高，同时在咖啡中所含的杂质也很低，咖啡口感也会更加浓郁。通过萃取，能从固体或液体混合物中提取出所需要的物质。经过咖啡机萃取的咖啡，比没有萃取过的咖啡营养更为充分，喝起来具有韵味。

（a）Steampresso蒸汽萃取技术

(b) PHILIPS冲煮咖啡机1

图4-30 技术参考与分析

(c) PHILIPS冲煮咖啡机2

图4-30 技术参考与分析（续）

然后，设计小组对传统煎煮技术和萃取技术进行了对比实验（图4-31）。经实验发现，在加水、药方、煮出药物不变的情况下，传统煎煮的混合后药物的澄明度略低于蒸汽萃取的，蒸汽萃取的失水量更小，萃取出的药液更多，所需时间更短。综上所述，萃取技术在非特殊药物（阿胶、特殊药方）的蒸煮方面，在时间效率、药材节省方面优于传统煎煮。

（a）实验过程

图4-31　对比实验

图4-31 对比实验（续）

在实验中，设计小组也对煮药过程中的需求问题对应的解决方案和相关技术进行了梳理（图4-32）：①长期服药的人群需要知道药物剂量，因此需要解决下料时的称量问题。②用水量需要控制，因此需要提供水箱或量杯对加水量进行控制。③浸泡时间比较长，费时间，因此需要有专用的浸泡舱室。④准备的工具很多，因此需要进行产品的一体化设计。⑤加热过程中需要对火候进行控制，因此需要武火和文火控制电子元器件。⑥粘锅、糊锅的问题时有发生，因此需要防粘材料。⑦有中药榨取的需求，因此需要进行挤压过滤的设计。⑧有判断煎煮程度的需求，因此需要智能检测部件。⑨倒药物时不方便，因此需要设计滤水设施。⑩有混合分剂量的需求，因此需要存储药剂的杯子或容器。⑪容易凉，因此需要考虑保温。

最终，结合前期研究，设计小组选定了设计的核心价值点（图4-33）。第一，解决注入水量的控制问题。通过智能定量控制，减少人为失误。第二，解决加水浸泡耗时问题。通过研磨增大扩散面积，缩短浸泡时间，提高效率，节省时间。第三，解决三次煎煮的问题。通过蒸汽萃取技术，缩短时间，节省药材，提高效率。

实验中的问题：	解决方案：	相关技术：
长期服药人群药物剂量 用水量的控制 浸泡时间长 准备过多的工具 加热过程的火控制 粘锅、糊锅 榨取中药 判断煎煮程度 倒出药物 混合分剂量 保温	产品下料需要有称量模块 水箱&量杯控制加水量 专用浸泡仓室 产品一体化设计 武火&文火控制电子元器件 防粘材料 挤压过滤装置 智能检测 滤水设施 储存药剂的杯子或容器	高压蒸汽萃取技术 超声波提取技术 加热线圈 打碎叶片（可有可无） 水箱 控制面板 出药口 出药口容器箱 保温层 可拆卸替换装置

图4-32 实验中出现问题的解决方案及相关技术

提升前	原因	提升后
注入水量控制	头煎加水量应包含饮片吸水量，煎煮过程中的蒸发量及煎煮后所需药液量。二、三煎加水量应减去饮片吸水量。由于不同药材的性能存在差异，煎药时的火力大小也可能不同，所以，实际操作时加水很难做到十分精确。	智能定量控制 减少人为失误
加水浸泡20~30分钟	避免因饮片表面的淀粉、蛋白质膨胀，阻塞毛细管道，使水分难于进入饮片内部。	研磨增大扩散面积，缩短浸泡时间 提高效率，节省时间
药物二次煎煮、三次煎煮 混合药液	因为煎煮时，有效成分会先溶解在进入饮片组织内的水液中，然后再通过分子运动扩散到饮片外部的水液中。当饮片内外溶液的浓度相同时，因渗透压平衡，有效成分就不再扩散了。这时，只有将药液滤出，重新加水煎煮，有效成分才会继续溶出。	蒸汽萃取技术，缩短时间 节省药材，提高效率

图4-33 设计的核心提升点

（5）设计元件分析

通过前几个阶段确定最终的设计方向与设计草图后，设计小组从人机关系、简化结构、造型元素、简化拆装步骤、多功能等方向入手，进一步明确设计方案的结构设计、品牌的定位、品牌的视觉形象等。

首先，对相关元件进行了拆解分析。其中核心的元件包括：继电器、控温器连接线、开关、外接交流的线路、后级驱动电路、电路主板、控温器（图4-34）。

其次，结合元件分析，进行了设计方案元件的排布（图4-35）。其工程部件包括：顶部盖子外壳、蒸汽发生环、蒸汽孔、顶部盖子卡扣、旋转部件、产品外壳、

1—继电器
2—控温器连接线
3—按键开关
4—外接交流的"零"线端
5—外接交流的"火"线端
6—后级驱动电路
7—电路主板
8—控温器

图4-34　元件拆解分析

中药蒸仓、旋转马达和刀头、集药底盖、水箱盖、蒸汽导管、水箱、水箱标注线、蒸汽管、电路板防水盖、电路板、加热底座、加热线圈、底座盖、散热底座盖、开盖开关、注水线、集药上盖、集药把手。产品效果图如图4-36所示。

在产品的操作系统中，设计小组设计了保温、预约、设置以及清洗四大核心功能，用户可以根据个人处方需求进行蒸制和调整。产品App端也为使用者提供了相应的信息服务，以方便用户学习和了解更多中医药健康养生知识。App端以简洁、干净、实用为主，偏向人群为中医养生人群（图4-37）。

图4-35　设计方案的元件排布及分析

密闭萃取,高温研磨

研磨仓:研磨中药更方便,采用不锈钢大号刀头与过滤网可拆卸清洗。

使药液的蒸发面进一步扩大,从而提升其萃取浓缩程度。药味更浓。药效也更为充分。

按键开盖,一目了然

按键开盖,整体简洁,操作方便,功能直观。

卡扣开盖。加水更方便。右部水箱利用耐高温透明塑料,水量直观清晰可见。

2.5升水箱:超大容量,满足绝大多数中药汤剂煮制。

简单面板、大方操作

操作面板。平面触摸按键设计,让各种操作看起来都赏心悦目,配套App端。

拿起放下,都很精准

凹凸卡扣,结构精巧。中药保温锅与底座采用磁性对齐锁扣,两者靠近即可紧密贴合。

使用方便 操作便捷

 药物浸泡,开机预热
 将药物倒入蒸汽研磨仓
 设置操作开关
 开始药物煎煮
 煎煮结束、取药
 药物可分装带走

中药煎煮从之前的浸泡—武火煎煮、文火煎煮—榨汁—二煎—三煎—滤汁—混合药液8道步骤缩减为浸泡—打碎—煎煮3道步骤,大大提高效率、缩短时间。

图4-36 产品效果图

App图标设计说明

该App致力于为家庭中药养生用户提供更好养生资讯与产品使用体验，打造具有高效、健康的养生产品品牌，面向各类养生人群。易方蒸药机通过改良传统中医药的煮制方式与技术，使家庭中药煎煮变得更加简单、高效、快捷、容易。图标的设计提取产品顶视图剪影，采用圆弧造型，曲线简洁，更有美感。

 + =

配色方案说明

功能图标及底栏图标采用简单的线面结合手法绘制，给产品带来轻松、简单的感知，加入圆润的弧形和亮绿色元素，增加健康感、亲和感，符合产品调性。App的颜色定位，采用活力绿和青蓝色，给人明快、清新的感觉。

交互说明

产品操作设置中，有保温、预约、设置以及清洗四大核心功能，用户可以根据个人处方需求进行蒸制调整。
App端也会为使用者提供相应的资讯服务与个人中心，方便用户学习了解更多中医药健康养生知识。产品App端以简洁、干净、实用为主，偏向人群为家庭中医养生人群。

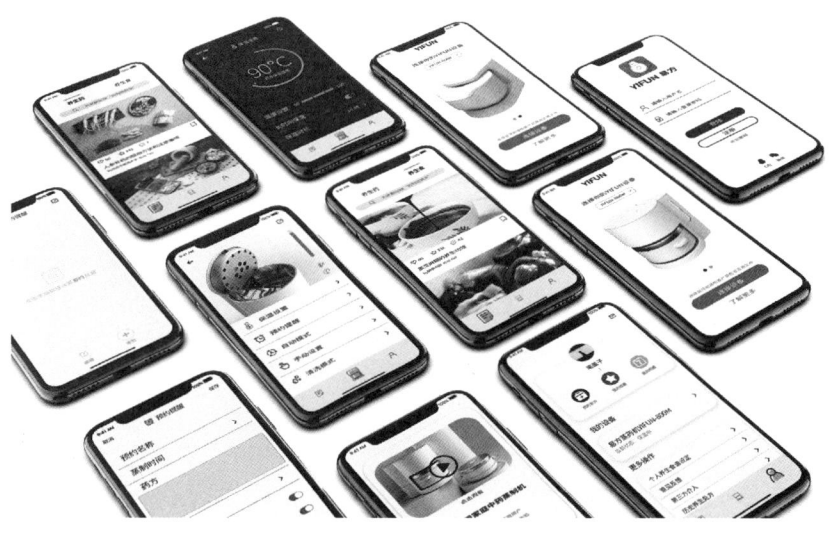

图4-37　产品App端交互说明

2. 相关案例版面展示

以下为温岭石塘旅游设计、SlipperPal浴室鞋护理机设计、SIMBIOZA空气净化器系列设计、便捷式衣渍局部清洗机设计、壁挂式洗衣机设计五个案例的版面展示（图4-38至图4-43）。

温岭石塘旅游设计

温岭石塘旅游设计是以导览车为核心产品触点，围绕游客的交通、住宿、餐饮、特色项目体验需求提供的一系列景区服务设计体系，通过地面模式与索道模式的切换，实现地面导游代步、空中移动咖啡吧、崖上住宿、沙滩日光浴等功能，给予游客更新奇、顺畅、自由、私密的石塘游玩体验，构建两人一车的新型旅游模式。

- 导览车、长停平台的草图方案定稿

- 导览车数模转化与核心功能交互点1

- 导览车数模转化与核心功能交互点2

- 长停平台总体尺寸数模转化

- 短停平台总体尺寸数模转化

- 长停平台总体内饰分布与核心交互点

图4-38 温岭石塘旅游设计1

操作流程：扫码开车—行李装箱—5分钟试驾—了解安全须知—开启地图导航—选择游览地点—到达景区后下车浏览—浏览结束上车—前往咖啡吧—选择平台项目—上轨道—到达平台—外卖点餐—欣赏景色—下轨道—其他景点—选择浏览模式不下车浏览—路边手机还车支付—自动驶回停车场—检查打扫消毒—退还押金

- 整体路线规划

- 索道线路平台位置规划

- 效果图展示

- 短停平台总体尺寸数模转化

- 索道场景

- 沙滩场景

图4-39　温岭石塘旅游设计2

SlipperPal 浴室鞋护理机设计

SlipperPal浴室鞋护理机为用户提供一种高效、方便、环保的浴室鞋护理解决方案，让用户可以在家中轻松地完成鞋类清洁，解放双手，减少对于传统洗鞋方式的依赖，节省时间和精力的目的。

设计草图

设计内容

烘干系统：采用循环暖风技术，在对浴室鞋进行烘干的同时，能够通过下方出风口出风同时对足部进行烘干。

消毒系统：采用对人体几乎无害的蓝光杀菌技术。

控制系统：采用触摸按键，用户可以轻松查看状态和时间，以及体重等测量数据。

产品结构

产品细节

图4-40　SlipperPal浴室鞋护理机

SIMBIOZA空气净化器系列设计

SIMBIOZA系列产品由针对家庭活动场景下的两种空气净化器组成,为注重家庭呼吸健康及自然环境体验的人群设计,强调人与产品、环境的协同作用。"SIMBIOZA"取自拉丁文"共生共栖"的含义,产品融入自然共生理念,让人仿佛置于自然环境中进行运动和生活。

● 产品细节

● 结构功能展示   ● 产品界面设计

图4-41 SIMBIOZA空气净化器系列设计

便携式衣渍局部清洗机设计

衣渍局部清洗机主要为了解决办公场景下突发衣渍后洗衣不便的问题,因此小组控制了该产品的体积,将其设计成可随身携带的大小,便于应用在商旅出差和不同移动场景。

● 使用方式

在确定大致的设计方向后,该小组还从全流程的角度考虑了产品的使用过程,并对产品可能出现的使用细节进行了定义。

● 产品结构

● App设计

图4-42　便捷式衣渍局部清洗机

壁挂式洗衣机设计

壁挂式洗衣机方案主要考虑了年轻白领群体冬季衣服清洗频率低，但袖口易沾染污渍的问题。因此，除内衣清洗功能外，该方案创新性地增加了局部袖口清洗可拆卸模块。重点关注小件衣物与袖口清洁功能的整合。

- **使用方式**

该小组细致地考虑了可拆卸模块的安装步骤，并通过图示对袖口清洁功能的使用进行了演示。

- **产品结构**

图4-43　壁挂式洗衣机

参考文献

[1] 何人可. 工业设计史[M]. 3版. 北京：高等教育出版社，2004.

[2] 陈劲. 协同创新[M]. 杭州：浙江大学出版社，2012.

[3] 帕特里克·纽伯里，柯文·法恩汉姆. 体验设计：一个整合品牌、体验与价值的框架[M]. 邹其昌，全行，译. 北京：电子工业出版社，2017.

[4] 特里·李·斯通. 如何管理设计流程：设计执行力[M]. 北京：中国青年出版社，2012.

[5] 陈圻，刘曦卉，等. 设计管理理论与实务[M]. 北京：北京理工大学出版社，2010.

[6] Nigel Cross. 设计师式认知[M]. 任文永，陈实，译，武汉：华中科技大学出版社，2013.

[7] 代尔夫特理工大学工业设计工程学院. 设计方法与策略：代尔夫特设计指南[M]. 吴卓浩，倪裕伟，译. 武汉：华中科技大学出版社，2014.

[8] 库玛. 企业创新101设计法[M]. 胡小锐，黄一丹，译. 北京：中信出版社，2014.

[9] 文灿，金美子，林男淑，等. 与众不同的设计思考术[M]. 武传海，译. 北京：电子工业出版社，2012.

[10] 贝拉·马丁，布鲁斯·汉宁顿. 通用设计方法[M]. 北京：中央编译出版社，2013.

[11] 波尔蒂加尔. 洞察人心：用户访谈成功的秘密[M]. 北京：电子工业出版社，2015.

[12] 亚历山大·奥斯特瓦德，伊夫·皮尼厄. 商业模式新生代[M]. 北京：机械工业出版社，2011.

[13] 布朗. IDEO，设计改变一切：设计思维如何变革组织和激发创新[M]. 侯婷，译. 沈阳：万卷出版公司，2011.

[14] Paul Hekkert, Matthijs van Dijk. ViP产品设计法则[M]. 李婕，朱昊亚，成沛瑶，译. 武汉：华中科技大学出版社，2020.

[15] 时迪. 协同设计思维与方法[M]. 南京：江苏凤凰美术出版社，2019.

后记

"整合创新设计"是伴随着设计学科进入交叉学科门类,围绕新时代国家发展重大战略与经济社会转型过程中设计教育知识体系扩充而建设的一门综合性较强的专业核心课程。这门课程强调在设计创新过程中不同知识领域的跨专业合作。合作共赢是学生走向社会的必备素养。以遵循时代需求与学科特点,全面准确落实党的二十大精神,充分发挥教材铸魂育人功能为目标,本课程以团队合作的形式,提升学生的资源整合能力与组织共创能力,为企业培养其真正需要的创新型人才。

在近年来教学改革的过程中,江南大学围绕整合创新思想,以整合创新实验班近十年的课程组织与积累为本科教学改革内容之一,"适应未来转型,以整合创新为导向的设计类人才培养模式的改革与实践"获得了国家级教学成果二等奖。并且学院将整合创新设计作为核心课程在全专业覆盖,进行进一步的内容建设。此后,新的教学改革"立足中国实践,多维协同的设计类一流本科人才培养体系创新与构建"荣获国家级教学成果二等奖。课程建设必须在经济发展的关键时期发挥作用,为时代塑造急需的创新人才。产品设计、工业设计专业建设与人才培养也是相关产业经济创新发展的一种动力来源。

以习近平新时代中国特色社会主义思想为指导,以求是创新的躬耕态度为基础,我们在科技创新与文化创新的总体目标中定位课程内容。从课程建设到人才培养再到学科建设,我们从大处着眼、小处着手,希望能在整体统筹、系统推进教育强国、科技强国、人才强国建设中做出一些积极努力。

邓嵘